# 先生、イルカとヤギは親戚なのですか！

［鳥取環境大学］の森の人間動物行動学

小林朋道

築地書館

# はじめに

今、私は、この「はじめに」を、学生たちから「先生が学長室から脱走して逃げ込むオアシス」と言われている小さな部屋で書いている。
今日は一日中、会議や来客の方々との話があり、それでなくても室内では体力と気力がしぼんでしまう野生児（私のこと）は、今、疲れているのだ。

夜も更け、そう、オアシスで、飼育しているカタツムリが木を登るのを横目に、勝手に部屋に入ってきたらしいシバスズ（スズムシの一種）が甲高く鳴くのを聞きながら、水槽のなかでホンヤドカリとイシダタミが移動するのを観察し（いつの間にか小動物が増えちゃったなー）、イルカの骨格標本（95ページからの「海でイルカの遺体を見つけた話」参照）を眺めながらボーッとしていると、なんとなく、文章が書きたくなった。そういうわけで書きはじめたのだ。

先日、「公立鳥取環境大学を支援する会」の冒頭の挨拶で、次のように言った。

学長を拝命してから（野生児もこんな難しい言葉が使えるようになったのだ）、四か月が過ぎようとしています。この立場になってあらためて思ったことがあります。それは、大学は、ほんとうにたくさんの人たちに支えられて運営されているんだなー、ということです。学内では一人ひとりの教職員の日々の努力によって、また学外では、今日、集まっていただいている会の会長さんをはじめとした多くの地域の方々の援助を受けながら大学は立って進んでいるんだなーということです。

この〝出だし〟に続けて（つくづく私は挨拶が下手だなーと感じながら）いろいろしゃべったのだが、〝出だし〟の言葉はけっして外交辞令ではなく、一〇〇パーセントとは言わないが真実が確実に入っている（当然だ）。一人ひとり思うことは違うし、希望も違う。加えてコミュニケーション上の誤解もあり、大学内で、論争になったり、私が腹立ちを覚えたりすることもあるが、みんな、それぞれ不安や悩みを持ち、日々、一生懸命生きているのだ。私の基本的な姿勢は、感謝であり、我慢である。そのうえで、言うべきことは言うし、やるべきことはやりたい、粘り強く、あきらめず………と、（不調でないときは）思っている。

本学はこれからどうなっていくのだろうか。予想をしてベターだと思う計画に沿って、できるだけ進んでいるが、どうなるかは誰にもわからない。

私自身だってどうなるかわからない。別に学長にならなくても同じだが、疲れて倒れることがあるかもしれないし、事故に巻き込まれることもあるかもしれない。でも、（不調でないときは）粘り強く、あきらめず、学生たちがより有意義に成長できる大学、社会に貢献し存続しつづける大学になるように日々を過ごしていきたい。

気がつけば、ゼミの卒業生たちが開いてくれた祝賀会でもらった贈り物のなかの一つ、風鈴が、〝オアシス〟の扇風機の風を受けたのだろう。小さな澄んだ音で鳴っている。

本書のことについてお話ししよう。

本書の刊行は二〇二五年一月だが、本書の大部分の原稿は、二〇二三年のはじめのころには出来上がっていた。したがって、本書が出版されてすぐ目を通していただいた人も、一年以上前に起きた内容を読むことになる（刊行年に合わせて一部修正はしているが）。

でも私は変わらない。年齢は一つ、一つ上がっていくが、動物たちとの触れ合いのことについて、またそれにかかわってくれた学生を中心としたヒトについて今回も書き綴った。内容が一年以上前のことでも変わらない。

これまでと同じく、読者のみなさんが、知識と面白さを感じ、少しでも元気になってくだされば大変うれしい。


ここまで書いて、さて、思うのだ。

これで「はじめに」を終わるわけにはいかないだろう。

ここは一つ、今までのように、「はじめに」で、一章ほどにはならないが、ちょっと面白そうな短編の話題を提供すべきだろうと。

それを読んで、「迷ったけれど、やっぱり買おうか」と思ってレジへ向かう方がいるかもしれないではないか（趣旨が違うか?）。

そう思ったらちょうど、最初の章の「私の心に棲みつづけるイヌの話」に関係する話があるではないか。イヌにからめた話にしよう。

私には、小さいころから影響を受けつづけた二人の兄がいる。最近は特に、自分のしゃべり方など兄たちによく似ているなーと思うことがよくある。

住んでいる場所が離れているので、あまり会うことはないが、長兄の提案で、年に数回、三人集まって食事をすることにしている。


二〇二四年の初春のことだ。

私が住んでいる鳥取県の、ある店で食事をしたのだが、そのとき、長兄が私へ土産をくれた。

それが、次ページの写真の木彫りのイヌだ。「私の心に棲みつづけるイヌの話」のなかに出てくるトムに似ているなと私は思った。

この木彫りイヌ、外見の愛らしさもさることながら、仕掛けがよくできていて、四肢や尾、そして何より顔の顎の部分が巧みに動くのだ。日本を代表する伝統芸能の一つである人形浄瑠璃文楽の〝人形〟に使われている仕掛けを取り入れていることが成功の秘訣だろう。

私は、トムちゃんと呼びながら、体や顔を動かして楽しんでいたのだが、ふと、これはX（旧ツイッター）に載せたらいいかもしれないと思い立ち、動画を投稿してみた。

するとどうだろう。………激しくバズったのである（〝バズった〟の意味がわからない方は、

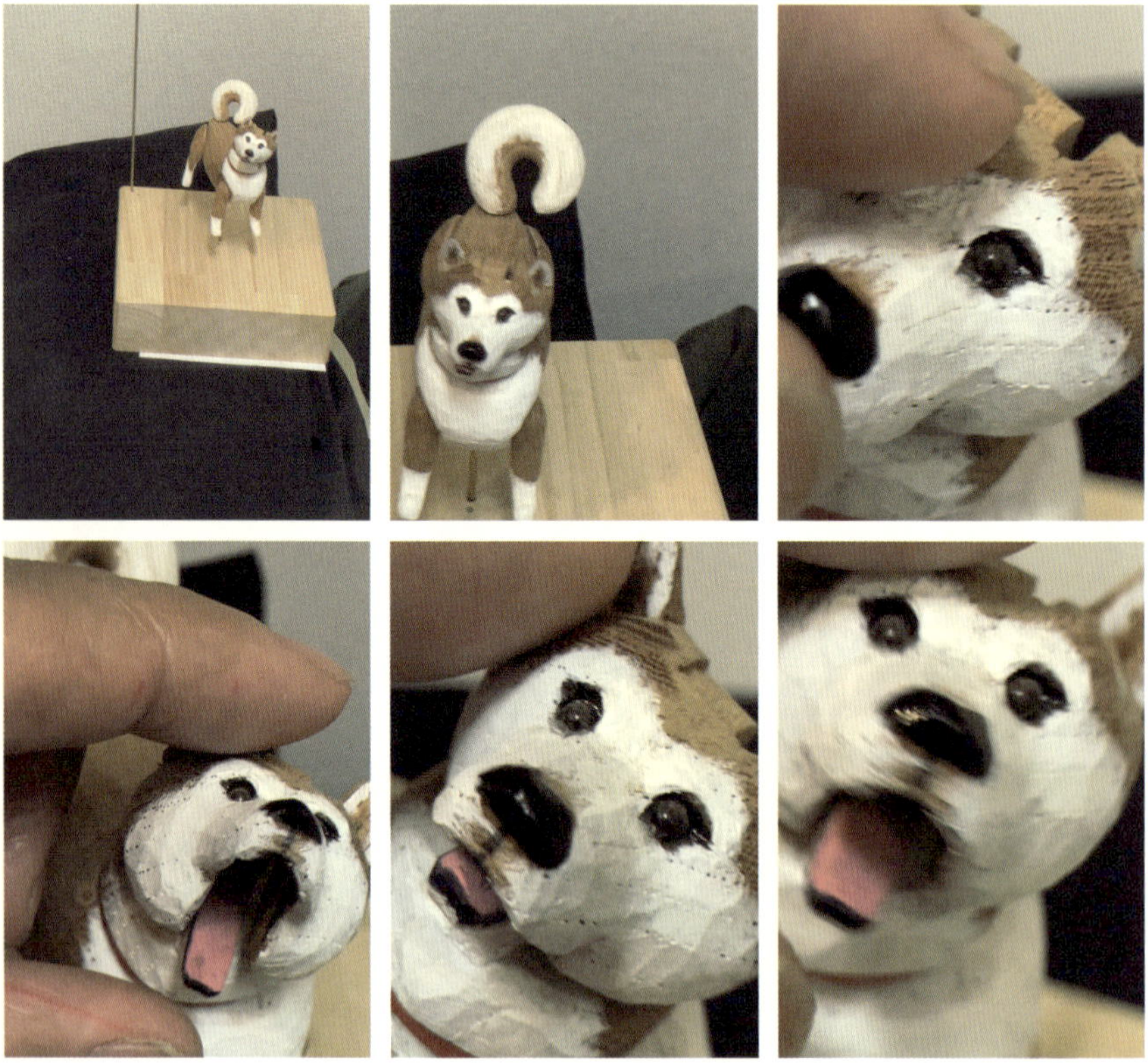

近くの若い方に聞いてみていただきたい）。

海外からの（おそらく浄瑠璃のことをご存じの方々だろう）、「日本の伝統を生かした素晴らしい木彫りイヌ」みたいな意味のコメントも多く見られた。特にバズったものを集めて記事にする会社（詳細は知らない）からＤＭが来て、謝金付きで掲載させてもらえないか、という依頼もあった。

コメントが面白いので、ザーーッと見ていたら、その木彫りイヌをつくって売っておられる方（長兄がそれを買った相手）が、「可愛がってくださり、ありがとうございます。末永く可愛がってやってください」とコメントされていて、ご自身のアカウントで〝こんなこともできるんですよ〟みたいな、魅力的な説明動画を上げていらした（これは注文が行くんじゃないかな、と私は思った）。

そして月日は流れ、七月、三人で、やはり鳥取のある店で食事をしているときだった。私がその話をしたら（木彫りイヌがＸでバズったこと）、長兄が、その木彫りイヌをつくって販売している方に電話してみると言い出して、実際そうした。そして、すぐ電話は通じたらしく、笑いながら話をしていた。

売れたそうだ。バカ売れしたそうだ。

そして制作が注文に追いつかず、かなり無理をされたのだろう。その無理のせいで、なんと帯状疱疹が出たそうだ。

帯状疱疹……これは、痛い！

私も以前、無理を重ねた結果、帯状疱疹が顔の右側に出て、数日間、夜、苦しんだことがある（「先生！シリーズ」にも書いた）。

笑ってはいけないが、笑ってしまった。でも、それくらい売れたのだったらよかったではないか。と言ったら、怒られるだろうか。

以上、今回の「はじめに」の〝話題〟でした。

二〇二四年八月

小林朋道

◆目次

はじめに　3

私の心に棲みつづけるイヌの話
トムは私のことを許してくれたのだろうか　15

街で暮らしはじめた鳥の話
ヒトと野生動物との共存のあり方とは………　39

泳ぐニホンモモンガ、交尾するシマヘビ、ヤマメの胃のなかの甲虫
なかなか面白かったよな。たぶん最後の調査実習　63

**海でイルカの遺体を見つけた話**
「ミールワーム→ハエの幼虫→ダンゴムシ・ワラジムシ？」
読んでいただければ意味がわかります　95

**モモンガグッズをめぐる、おもにヒトの話**
Ｔｋさんのことと、ゼミ生Ｆｔさんの油絵バージョン　123

**キャンパス林のビオトープで毎年起こること**
サンインサンショウウオが産卵しトノサマガエルが泳ぎ……
毒ヘビの出現は今年が初めてだったが　159

**先生、学長になるんですか！**
ニホンモモンガたちとの別れ　185

本書の登場動（人）物たち

# 私の心に棲みつづけるイヌの話

## トムは私のことを許してくれたのだろうか

まず断っておくが、「私の体内に棲みついた悪魔がどうしたこうした」というホラー話ではない。

先日、私が「ヘラジカ林」と呼ぶ、キャンパス林の一角を歩いていたら、林のなかにある獣《けもの》道《みち》（テンやキツネやシカなどが通る道）に、**古びたスニーカーが片方だけ落ちていた**（「ヘラジカ林」の命名の理由や場所の魅力についてお知りになりたい方は『先生、大型野獣がキャンパスに侵入しました！』を読んでいただきたい）。

もちろん私くらいの動物行動学者になると、**なんでそんなものがそこに落ちているのか**、九五パーセントくらいの確率で正しく言い当てることができる。………**それはタヌキの仕業《しわざ》だ。**民家の軒下などを徘徊しているとき、そのスニーカーと出合い、そのニオイに惹かれて林まてくわえて持ってきたのだろう。そのあたりで食べようとしたのかもしれない（靴の側面に噛み跡がついていた）。でも味がよくないので、そこに捨てていった………。

タヌキが民家の履物を拝借してくる（というか、盗んでくる）ことがあることは、その筋の人にはよく知られている。私も〝その筋〟の人で、タヌキに運ばれたにちがいないと思われる履物にはいろんなところで出くわしてきた。スニーカーであったり、革靴であったり、サンダルであったり……。

いつも、左右片方だけであることから、タヌキが**「山で履かせてもらおう」**みたいな思いで持ってきたわけではないことは確かだ。アタリマエジャ。

履物の〝片方〟が落ちていた場所もいろいろだ。印象に残っている場所はなんといってもコウモリがねぐらにする洞窟だ。結構よくあるケースだ。

洞窟まで運んで、**あーここなら安全だ**。一休みして、食べてやろうか、と考えたのかもしれ

キャンパス林の一角を歩いていたら、獣道に古びたスニーカーが片方だけ落ちていた。タヌキの仕業だろう

ない。でも残念ながら、表面からのニオイ（ヒトの皮膚組織や、それに微生物が作用してできたニオイ）は食べ物らしく感じられても、〝中身〟は化学繊維であったり、ゴムであったり、……いくら雑食性のタヌキであっても食べようとは思わなかったのだろう（高級な牛革の靴なら食べたかもしれないが）。

そんな、タヌキが持ってきたと思われる履物に出合うたび、私は言ってやりたい気持ちに駆られる。

「君は、仮にも、哺乳類の食肉目イヌ科の野生動物だろう。たとえ腹が空いていたとしても、**使い古された履物に手を（足を）だしてはいけないだろう。**私は情けないぞ」

ちなみに、私は、「あなたは地球上の動物のなかで何が一番好きですか？」と聞かれたら、**「うーーん、それは難しい質問だなー」**とかなんとか言って逃げようとし、それに対して相手が食い下がってきて、「そこをなんとか。是非！」と懇願されて、にっちもさっちもいかなくなったら、こう答えるだろう。

**「強いて言うならオオカミかな**。北米に生息する比較的大型の、たとえば、オオカミの亜種のグレートプレーンズオオカミみたいな」

私が「強いて言うならオオカミかな」という気持ちになった理由は、おそらく小学校低学年のころの出来事までさかのぼるのではないかと思う。

山村で育った私は、そのころ、すでに大の動物好きだった（昆虫採集や魚やイモリの捕獲に夢中になっていた）。

そして、そういった私の〝習性〟を思ってのことだろう。父が、クリスマスの日に、かなり分厚く、豪華な表紙の『シートン動物記』という本を買ってきてくれたのだ。私はとてもうれしくて夢中で読んだのを覚えている。『シートン動物記』はアメリカの博物学者アーネスト・トンプソン・シートンが書いた、自らの体験に基づいたいろいろな動物の物語をまとめたものである。

私は〝いろいろな動物〟の物語のなかでも**「オオカミ王ロボ」**という物語が一番好きで、それが、私の「強いて言うならオオカミかな」という気持ちの主要な生みの親だったのではないかと思うのだ。少なくとも「オオカミ王ロボ」の話が私の心を鷲づかみにしたということは確かだ。

そこでだ。

そこで私は、タヌキが好きなのだ。なにせ、日本に生息する、**オオカミと同じ食肉目イヌ科の野生動物**は、タヌキとキツネだけなのだ（ニホンオオカミは絶滅してしまった）。

大学に勤めるようになってからタヌキの研究に取り組んだこともあった。

捕獲したタヌキに発信機をつけ、移動経路を調べ、それを、タヌキのロードキル（動物が車にはねられて死亡すること）の被害防止に役立てようとしたり、溜め糞（ある地域に棲む複数のタヌキは、地域内のいくつかの決まった場所に糞をする習性がある。つまり、ヒトと同じように共同トイレを利用するということだ）での、タヌキの脱糞の様子を自動撮影機で記録し、溜め糞の意味を探ろうとしたり………。

そういった事情もあって、オオカミと同じ食肉目イヌ科の野生動物であるタヌキには、履きつくされたツッカケやスリッパなどを民家から取ってくるといった**せこい行動をしないでほしい**と思うわけだ。

さて、話は変わるが、「はじめに」でも書いたように私は男ばかりの三人兄弟の末っ子で、長兄とは一〇歳違い、次兄とは三歳違いだ。長兄は大阪の大学に進学して早く家を離れたので、私は、次兄と一緒に過ごすことが多かった。教員をしていた父は休日にはいつも田んぼや畑山の（植林の）仕事をしており、私と次兄は、その手伝いをした。

お話しするのが遅れたが、私は昔イヌを飼っており（父が同僚の人から、乳離れして間もない子イヌを私のためにもらってきてくれたのだ）、父の仕事を手伝っているときも私につかず離れず、「ねー、遊ぼうよー」とばかりに走りまわっていた。

最初、そのイヌ（食肉目イヌ科だ！）に会ったとき、私は**うれしくてうれしくて、かわいくてかわいくて仕方なかった**。

うちに来て一日目の夜は、私と一緒に寝た。胸に抱いて寝てやったのだ。

翌朝のことは、今思い出しても顔がほころぶ。

私が目を覚ますと**トム**（そう名づけたのだ）は部屋のなかを、探索するように歩きまわっており、目覚めた私の足が動かした布団の一部に、狩りでもするかのように飛びついていた。

傑作だったのは（あくまで私の立場から）、私を起こそうと部屋に入ってきた母が、入り口のところで**何かを踏んで**奇声をあげたことだ。

トムが探索の途中で糞をして、母はそれを踏んでしまったらしい。

それから、トムは私の生活の中心といってもよい存在になっていった。

普段は家の外の犬小屋のそばで紐につないでおき、学校から帰ると餌の時間まで放してやった。散歩は紐なしで一緒に歩きま

父が私のために子イヌをもらってきてくれた。最初そのイヌに会ったとき、私はうれしくてうれしくて仕方なかった

わった。まれに散歩中に、私から完全に離れてどこかへ行ってしまうこともあったが。まー、そういった、規制の少ない時代、地域（山村）だったのだ。

学校から帰るとまずトムに挨拶し、友だちと遊んだあとは、トムと過ごした。休日で父が出張のときなどは、トムと山に探検に行った。トムと一緒なら、それまで行ったことがなかった未知の山奥に分け入ることも怖くなかった。

読者の方には、ちょっと飽きられるかもしれないが、今、私の頭のなかにトムとのことがいろいろと湧いている（それなりに高齢のホモ・サピエンスになるとそういったことが起こりやすくなるのだろうか。そしてその体験を有用な情報に組み立てて若いホモ・サピエンスに伝え、**血縁個体の生存・繁殖に役立てる……**みたいな）。少しだけ聞いていただけるだろうか。

あるとき、イタチ捕獲事件が起こった。

私の家から一キロほど離れたところに住んでいる叔母さんが何かの用事で我が家を訪ねたとき、こんなことを話された。

「うちの庭で、**トムがイタチを追いかけて捕まえた**。庭にイタチがそのままになっているからなんとかして」……みたいな。

私はちょっと興奮して、がぜん、**イタチを見にいきたくなった**。

イタチには申し訳なかったが、トムが食肉類としての姿を示して狩りをしたということだ。オオカミのように。

ただし、叔母さんの話だとイタチは死んだ状態でそこに放置されているということなので、トムは、オオカミのように仕留めた獲物を食べることはしなかったらしい。

とにかく行ってみよう。

庭には確かに、イタチ（ニホンイタチかチョウセンイタチかはわからない）が横たわっていた。イタチをまじまじと見るのはそのときがはじめてだった。口から喉にかけて、体毛が血に染まっていた。おそらくトムは、喉元に噛みついたのではないかと子ども心に思った。そして、トムがイタチを追って攻撃する姿を想像して、厳しい野生の香りをおぼろげに感じた。私は、ひとまず、イタチの尾をつかんで持ち上げ、家までイタチを持って帰った。家に帰ってトムのそばに行くと、いつものように寄ってきて親愛を示す動作をした。私は、なにやら、トムが、私が知っているトムの世界とは違った、なにか、**たくましい別の世界**をもっているような気がして不思議な気持ちになったのを覚えている。

さて、次に、問題は……**そのイタチをどうするか**だ。

迷っていたら、父が、剝製にしたらいいと言ってくれた。

皮を剝いで骨や内臓は取ってしまい、皮の裏面の脂肪を取り除き、そこに防腐剤を塗り込み、最後に皮の端を縫い合わせて出来上がり、だ。

ちなみに、そのイタチ事件の日から三〇年ほど経ったある日、私はその簡易剝製イタチと再会したのだ。思ってもみない再会だった。

そのころ私は、大学の教員として バリバリと教育や研究に奔走していた。そして何かの用事で両親が住む実家に帰ったときだった。母屋の横にある〝蔵〟は、父が、昔の農機具（私が幼児のころ農村で使われていたものなど）や自分が集めていた骨董品などを並べ、ちょっとした博物館になっていた。そして私は、陳列物を一つひとつ手にとって、時には古ぼけて興味をそそられる箱を開けて、昔の思い出に浸っていたのだが、陳列物の陰に、簡易剝製イタチが隠れていたのだ。**父が残しておいてくれたのだ**。トムとの日々が濃厚に思い出された。ちょうど今のように。

次にお話ししたい思い出は、トムが、山で道に迷った私を助けてくれた、トム救出事件、いや、これだとトムを助けたことになるから、**とも救出事件**だ（私の名前は、こばやしともみちという。父や兄たちからは、とも、と呼ばれていた）。

読者のみなさんは「自然薯《じねんじょ》」をご存じだろうか。

ヤマノイモの根の部分を「自然薯」と呼ぶが、特に森の奥に生える自然薯は、スーパーで売られている畑などで〝栽培〟された棒状の〝素直〟なものとは違い、木の根や石に密着するように固い土を裂きながら下へ下へと伸びる、いかにも自然薯という呼び名がふさわしい野生の生き物だった。そしてその分、土からの成分も濃縮して取り込み、味が濃く野生的だった。そんな野生自然薯を掘るには職人のような技術と忍耐力が必要だ。自然薯掘り専用の道具（鉤）を持った古老こそが、上から下まで折れることなくつながった姿で掘り出すことができるのだ。

父は、自然薯掘りの古老と呼ばれるほどの歳ではなかったが、秋になると時々自然薯を求めて山に行き、見事な自然薯を持ち帰ってきた。

私やトムも父についていき、自然と対話しながら自然の造形を丁寧に掘り出していく（**彫り出していく**、と表現してもいいかもしれない）作業に魅かれ、いつか自分で掘ってやろうと思っていた(トムはどう思っていたかは知らないが)。

**そしてその日は来た**。

ある日、早めに学校から帰ってこれたときだったと思うが、トムと一緒に、鍬《くわ》や鉤(父に無断で借りた)などを持って奥山めざして出発したのだ。

**小林少年の心は高揚していた**(にちがいない)。トムと私だけの、自然薯を求めた冒険だ。

私は、それまで父が自然薯掘りに行っていた数カ所のうちのどれかの近くをめざし、自然薯の存在を示す葉っぱと蔓《つる》を探し求めた。葉っぱは黄色に染まり、蔓は太くなければならなかった。それが、大きな自然薯を地中に秘めている目安になった。蔓が生えている地面の環境も重要だ。自然薯が掘りやすい場所でなければならない。開けた平地に立つ木に巻きついた蔓の根もとを掘っても、深く伸びた自然薯を先端まで折れることなく取り出すことは大変難しい。取り除かなければならない土がとても多くなるからだ(それだけではないが)。自然薯が斜面に沿うように伸びているような状況が理想的だ。

やがて、そんな条件に近い自然薯の蔓や葉を見つけた私は、力を込めて地面に鍬を打ち込んだ。**いよいよ一人だけの〝仕事〟がはじまった**。トムは近くで走りまわっている。手伝う気配もない。

根に沿って土を取り去っていくと根はだんだん太くなり、自然薯と呼んでもいいほどの、根とは明らかに違う、焦げ茶色の膨らみを帯びた姿へと変わっていく。自然薯は、大木の根に沿って曲がり、石を包み込むように変形しながら下へ下へと伸びている。その周辺の土をおおまかに鍬で除き、鉤で、自然薯の表面に傷がつかないように掘り出していく。野生の山の地面は、いろいろな植物の根が縦横無尽に行き交い、大きな石もあり、作業は大変だ。小林少年の精も根も尽き果てたころ、幸いにも、自然薯の根も伸長を止めていた。土中の根や石などの構造物の鋳型とも言える、粗野ではあるが輝くような、**一カ所も折れていない自然薯**を小林少年は掘り起こしたのだ。

私は、父がやっていたように、周囲の、茎がまっすぐ立つすすきのような植物を根もとから切り取り、自然薯をくるむようにして、さらにそのまわりを自然薯の蔓で巻き、自然薯簀《すま》巻きをつくった。運ぶとき自然薯が折れないようにするためだ。

そして、小林少年は晴れやかな気持ちで帰路についた。**まもなく「とも救出事件」が起きることを少年は、（そしてたぶんトムも）知らずに。**

途中までは、踏み倒した植物などの跡で帰り道をたどることができたのだが、草丈が高くなり、茎の間をすり抜けるようにして移動してきた場所などになると、どこを通ってきたのかわからなくなりはじめたのだ。予想をしてある方向へ進んでみるのだが、その先には、見たこともない光景が現われ、また元の場所にもどり、再び、ある方向へ進んでみるものの、やはりその先には記憶にまったくない光景が現われる……。そんなことを繰り返すうち、だんだん不安が大きくなってきた。要するに道がわからなくなったのだ。

**そんなときだった**。トムがある方向へどんどん進みはじめたのだ。

うろうろ不安そうにしている私を見て、コリャイカンみたいなことを感じたのだろうか。ちなみに、この推察はもちろん半分冗談だが、科学的な知見からまるっきり冗談とも言えない。最近の遺伝子解析も使った研究は、イヌがヒトと同居しはじめたのは数万年前であり、行動学的研究は、イヌは、オオカミには備わっていない**「ヒトの表情からそのヒトの内的状態をある程度読み取る」能力**が備わっていることを示しつつある。そういった遺伝的な特性を有したイヌのほうがヒトに好まれやすく、餌も与えられやすかったのかもしれない。

それまでの経験から、トムは、方向感覚は、少なくとも私よりすぐれている可能性が高く、遠出した散歩では、私が帰るモードになると、トムは私を置いて、勝手に家までもどることもたびたびあった。

そういうこともあり、トムがどんどん、ある方向に進みはじめたら、不安いっぱいになっている小林少年としては**トムについていくしかない**ではないか。そして、自然薯巻きを抱えて、トムの名を呼びながら必死でついていった先に見たものは、私に理解できる光景だった。なじみのある場所へ出ることができたのだ。

トムによる、とも救出事件の全貌である。

最後に、もう一つだけ、トムについての思い出を。

トムが父に叱られた話だ（こうしてみるとなにやら、トムの思い出には、どれも父が絡んでくる。父が絡んだトムの話を私は強烈に覚えている、ということなのだろうか。父との思い出をよく覚えているということなのだろうか）。

教員をしていた父は多趣味な人だった。書道（私は父の趣味のなかでもこれが一番すぐれていると思っている）、彫刻、竹細工、墨絵、そして盆栽だ。父は、盆栽に一番エネルギーを使っていた。そして、トムは、ある意味、運悪く、**父が〝一番エネルギーを使っていた〟盆栽を**

……。

ちなみに、私と次兄は、父の盆栽のために多大なエネルギーを使わされていた。毎日毎日、夕方になると、友だちとの遊びを早めに切り上げて家に帰り、小さいものまで入れると一〇〇個近い鉢に植えられた盆栽一つひとつに水をやっていたのだ。小学校の高学年になると家の外に水道ができ、水やりは水道につないだホースでできるようになったが、それまでは、家のすぐそばを流れる小川の水をバケツに汲んで、何回も何回も運んでいた。筋肉はかなり鍛えられただろうが、それは……苦行だった。

まーそれは横に置くとして、ある日の夕方、餌をやる時間が遅くなり、餌をやるため急いで外に出ると、**トムが父の盆栽の木をいくつも掘り起こしていた**。しばらくして帰ってきた父は、私から事情を聞いて木と土を鉢にもどし終えたあと、トムをすごい剣幕で叱りつけた。

小林少年は、もちろん、トムがかわいそうだと感じたが、いっぽうで、父が精魂を傾けて育ててきた盆栽をこんなにしたら、**そりゃ、父も悲しむわなー**、怒るわなー、とも思った。そして父は、今後、トムがそういった行動をしないように、父なりに考えて、教育的な罰を与えているとみることもできた。

つまり、父は、盆栽の木を掘り起こすと罰が与えられることをトムに学習させようとしたのかもしれない。ちなみに、ある行動を行なってある程度時間がたってから、その行動から生じた〝成果物〟を見せて、罰を与え、その行動と罰とを結びつけることがイヌにおいて可能かどうか。これは簡単には答えることはできない。

そのときは小林少年は、**それは無理だろう**、と冷静な思いで父の行動を見ていた。しかし意外にも、最近の研究（私のゼミの学生が卒業研究として行なった研究も含め）は、イヌは、「少なくとも数時間前に、これをすると飼い主が怒るだろうと思われる行動をしたとき、**その行動に対する罪悪感のようなものを保持する**」可能性が高いことを示している。ひょっとしたらトムは、父の行為によって、〝盆栽土掘り〟をやってはいけないことだと学習したかもしれない。

その〝盆栽土掘り〟事件が起こった原因の一つは、私にあるのでは、という思いにいたったのはずっとあとのことだった。

トムは、それまで、誰かヒトが近くにいるときはそんな行為はしなかった。**「誰もいない。一度やってみたかったんだ」**………みたいな気持ちが湧いてきたとでもいうのかもしれない。

そもそも、イヌが盆栽のような構造で植えられている木を掘り返すという習性をもつとは考えられない。でも、トムはそんな行動の衝動に駆られたのか、一度やってみたら快感を覚えてどんどん続けていったのかもしれない。いずれにせよ、まー、**誰もヒトがいない状況**で一人（一匹）になる時間がそれなりにあったというのはトムにとって運が悪かったということだろう。

やがて父の心も静かになったのだろう。トムは小屋に連れていかれ紐につながれた。その後トムは、小屋のなかに入ったきりだった。いろいろと考える夜だった。その後、トムが〝盆栽土掘り〟事件を起こすことはなかった。

さて、これからお話しすることも、トムについての思い出ではあるが、おそらく**死ぬまで忘れることはない**出来事である。本章のタイトルが表わす出来事だ。

父や母の仕事を手伝って畑を耕していた。気持ちのよい春の休日だったような気がする。畑の開墾は、三本鍬（ミツゴと呼んでいた）という、名前のとおり、先が三本に分かれた鍬で行なった。土の状況に応じて高く、あるいは低く振り上げて振り下ろし、鍬を手前に引く。

すると、土の塊が小片に砕けて手前に積もっていく。つまり土が柔らかくなって耕されていくのだ。

それなりに力と集中力が必要だ。なんといっても、振り下ろされる鍬は当たれば大けがをする可能性がある物体だ。そういう意味で、その日の開墾作業では、小林少年は、**特に心配していたこと**があった。トムのことである。

いつもは、開墾作業をしているとき、トムは遠巻きに作業を見ながら、自分の関心に従って遊びまわっているのだが（〝遊び〟というのはトムに失礼だろう。遊びも含め生きるために必要な活動をしていたのだろう）、そのときに限って、鍬を振り回している私のすぐ近くまで来て、周囲を走りまわったり、私の足の間をすり抜けたり……、私と一緒にいたかったのかもしれない。

小林少年は、トムに鍬が当たらないか心配していたのだ。

**そして、突然、その心配が現実になったのだ**。

小林少年がちょっと油断した隙に、振り下ろした鍬の真下にちょうどトムが走ってきて、ガツン！　という手ごたえが私の手に伝わってきた。同時にキャンキャンという声が聞こえた。

その瞬間、頭が真っ白になった。

不幸中の幸いという簡単な言葉ではすまされないが、鍬の先はトムのちょうど眉間の真ん中(硬く分厚い骨に覆われている)に当たっていた。**トムの眉間からは血が出ていた**。ただし、倒れたりする様子はまったくなく、離れたところから小林少年のほうを見ていた。そして間もなく、走ってその場から家のほうへ走っていった。

小林少年は鍬を投げ出してトムのあとを追った。トムは自分の小屋の奥に入って座ってじっとしていた。命は大丈夫そうだ。**今はそっとしておいたほうがいいだろう**、と子どもながらに思った。

それからだ。小林少年の心に、悔恨の念、不安の念がどんどん大きくなっていったのは。

その日の夕方、小屋に餌を持っていったが、トムは小屋から出てこなかった。それまでのなかで、たぶん、一番やさしい声音で声をかけたが出てこなかった。眉間の血は止まって瘡蓋《かさぶた》ができはじめていた。そっと、餌を小屋のなかに置いて沈んだ気持ちで家に入った。

次の日の朝、起きたら一番にトムのところに行った。

いつもなら私に飛びついてくるのに、頭を下げて警戒するような顔つきで私を見上げていた。餌は食べており、体は大丈夫なのだろうとちょっと安心した。

その日は、学校が終わったら友だちとも遊ばずまっすぐ家に帰った。トムの、私に対する警戒感はなくなってはいなかった。よほど肉体的な痛みと精神的なショックを感じたのだろう。

私はトムのそばに座ることにした。少年の直感というやつだろうか。それがいいと思ったのだ。たまにトムのほうをちらっと見ながら、じーっと座っていた。

そんな時間がどれくらい続いただろうか。小林少年は、**トムの様子が少しずつ変わってくるのを感じていた**。

緊張感を漂わせておどおどするような動作が少なくなり、時々後ろ足で体を掻くような行動も見せるようになってきた。毛づくろいだ。

今思うに、この毛づくろいは、初期の動物行動学で言われていた「転位行動」かもしれない。転位行動とは、近づきたいけど、(怖さや心理的な抵抗感などもあって) 近づけないといった葛藤状態に置かれたときに発現する、接近や逃避とはまったく異なった行動である。哺乳類では毛づくろい、鳥類では羽づくろいが起こることが多い。ペット店で買われたハムスターが、家でケージに入れられたとき、隠れ家にもぐり込みたいのに隠れ家がないと、**突然、毛づくろいをはじめる**ことがある。ヒトでも、就職面接で待機しているとき、面接室に入らなければならないが心の準備ができていなくて帰ってしまいたいという衝動に駆られたとき、手で髪をさわったり、口のまわりをさわったりすることがある。

トムも、**小林少年に近づきたいという衝動と、怖いという衝動の葛藤**のなかで、毛づくろいを行なったのかもしれない（単に、リラックス度が増してきただけかもしれないが）。

小林少年は、変化してきたトムの状態に慎重に対応した。やさしい声で「トム」と呼んでやり、仰向けになったり腹這いになったりして（遊びに誘う姿勢だ）、徐々に手をトムに近づけていき、ゆっくりとやさしく体にふれた。詳しいことは覚えていないが、やがて頭をなで、抱きしめてやった。

**心が通じた！**　みたいな気持ちがした。

ヒトは、歳をとって、脳内の神経のつながりが少なくなっていくとき、強く結びついた神経同士がつながりを保ち、そのつながりが生み出す記憶が残っていくのだろう。死の前に思い出す記憶ということになるのだろうか。

たとえば、私が若かったころ、幼い息子と妻と三人で山や川に行ったときの記憶は絶対に残るだろう。そして、なぜか、トムとの、特に、鍬で眉間を打ってしまったときの出来事も頭の片隅に残りつづけているのだ。なにか意識には上ってこない隠れた理由があるのかもしれない。

それは、「トムは私のことを許してくれたのだろうか」という拭いきれない思いかもしれないと最近思うことがあるのだ。ひょっとすると、私が動物行動学に進んだことに影響しているかもしれない………と思うことがあるのだ。

# 街で暮らしはじめた鳥の話

## ヒトと野生動物との共存のあり方とは………

『先生、大蛇《だいじゃ》が図書館をうろついています！』でも少しだけ紹介したが、二〇一九年に卒業したＵｅくんは、街（都市や郊外）で暮らし、繁殖もするようになったイソヒヨドリについて、鳥取県東部では、どんな場所まで生息の範囲を広げているのか調査した。どんな特性の建物がある場所を好むか、についても調べた。

イソヒヨドリはアフリカからユーラシア、東南アジアにかけて広く分布しているが、**それぞれの地域で特有な形質**を進化させており、日本に生息する種は、雄の体の色が特に綺麗で（頭部、喉、背面が薄い青色、腹面が暗いオレンジ色！）、ドバトをちょっとスリムにしたようなサイズ・体形である。その名前が示すとおり、かつては、でこぼこの断崖がある磯（岩石海岸）に生息していたが、公開されている報告書によれば、一九八〇年代ごろから、内陸のヒトの生活圏内でも見られるようになり、現在では、関東、近畿などの都市部でも繁殖が確認されているという。

Ｕｅくんは、鳥取県東部において、日本海の磯を起点に、イソヒヨドリが、どこまで生息の範囲を広げているのか、どんな性質の土地に侵入しているのか、どんな特性の建物がある場所を好むのかについて調べたのだ。

一方、二〇二二年に卒業したNdくんは、一九〇〇年代半ばごろからヒトの生活圏に侵入して繁殖するようになり、**大きな橋やビルに営巣するようになったイワツバメ**について、先輩の研究を引き継ぎ、営巣場所として好まれる橋の環境、素材や高さ、幅、構造など、より詳細な条件を調べた。

イワツバメはツバメと同じく、春夏には日本やユーラシア大陸などで繁殖し、繁殖が終わって秋になると東南アジアなどの暖かい地域へと南下して越冬する。つまり日本ではイワツバメは夏鳥というわけだ。

ツバメより一回り小さく、スズメほどの大きさで、黒色の背面のうち、腰の部分だ

瓦葺きの人家で暮らしはじめたイソヒヨドリの雌（左）と、ヒナのためにカナヘビを捕って嘴にくわえている雄（右）（上田時郎〔Ue〕くん撮影）

けが帯状に白色になっている。コシアカツバメを命名した人物なら**コシジロツバメ**と名づけただろう(間違いない)。

イワツバメは、もともとは海岸や山地の岩場に営巣して繁殖していたが、本来の繁殖地の減少とともに個体数を減らしている。Ndくんは、そんなイワツバメが営巣できる環境がヒトの生活圏内に増えることを願って、**彼らが営巣しやすい環境条件**を調べたのだ。

ヒトの生活圏内に入って繁殖している先駆者(先駆鳥?)としては、日本では、ツバメ(ツバメ類は日本には五種がいる。Ndくんが調べたイワツバメ、鳥取環境大学

巣から顔を出しているイワツバメのヒナ。ツバメと同じく、春夏には日本やユーラシア大陸などで繁殖し、秋になると東南アジアなどの暖かい地域へと南下して越冬する

の正面玄関に営巣するコシアカツバメ、私が子どものころ家の玄関に巣をつくりとても身近な存在だったツバメ、そして、私は実物を見たことがないショウドウツバメとリュウキュウツバメだ）やドバト、カラスなどがいる。

ところで近年、繁殖までもはしなくても、鳥類や哺乳類が**ヒトの生活圏内に入ってくる現象**が世界中で顕著になってきた。

そんななか、ヒトが育てた作物を食べたり、車と衝突したり、場合によってはヒトを攻撃したりといった、明らかにヒトが被害を受ける事象も増えてきた。シカやイノシシ、ニホンザル、前述のカラスなどによる農作物被害もその一つであり、少なくとも日本の地方では、大きな問題となっている。

私は、この問題は、イソヒヨドリやイワツバメのケースも含めて、**「今後のヒトと野生動物たちとの共存のあり方」という課題**をわれわれに突きつけていると思う。

人類は、酸素や水のみならず、人類が生存できる気候環境を生み出してくれている自然生態系のおかげで生きられている。たとえば、適度な酸素濃度でなければ、飲める水がなければ、気温がマイナス三〇度から五〇度くらい（全体の温度から見るときわめてせまい範囲）の陸地が存在しなければ人類は生きていけない。

太陽からの距離が適当であるという、宇宙レベルでの物理的条件が大前提だが、そのうえで、人類が生きられる環境をつくり出してくれているのが自然生態系であり、**その生態系を構成する重要な要素が野生動物なのだ**。

世界中の多くの人々、特に先進国の人々はそれを知らない。あるいは忘れている。

そんななかで、われわれは、野生動物の侵入などの問題を、大きなビジョンのなかでどうとらえ、**どう対処していくのか**、今、それが問われているのではないだろうか。

なにやら問題が人類規模、地球規模になってしまったが、私くらいの動物行動学者になると、ひるむことはない。この問題については、あとのほうでちょこっと論じたい。

先ほどのＵｅくんとＮｄくんの研究の話にもどろう。

**Ｕｅくんは野鳥が大好きだった**。野鳥を撮影するために、アルバイトでお金を貯め、食費を減らし、高価な一眼レフのカメラを購入した。どこへ行くにも一緒だ。ゼミの懇親会でも肌身離さずそばに置き（時には首にかけ）、大切に大切にしていた。

それと車ももっていた。おそらく生活を切り詰めて（勝手な想像をしてはいけないが、Ｕｅくんは、見るからに人のよさそうな、生活は質素そうな学生だった）カメラと車を所有し、それもこれも、野鳥がよく見える自然スポットに行き、**よい鳥の写真を撮りたい！**という一心からだったのだろう（勝手な想像をしてはいけないが）。

写真部にも属していたが、Ｕｅくんが、写真部の展示会に出品していた写真を一度見たことがある。魚を捕ったダイサギの写真だったと思うが、それはちょっと、日頃のＵｅくんからでは想像できない、緊張感にあふれた会心のショットだった。**迫力を感じた。**私はそのとき思ったのだ。あー、Ｕｅくんは、こういった場面で気力の九割を使ってしまい、だから日頃は、穏やかで人のよさそうな感じになるのでは、と（勝手な想像をしてはいけないが）。

Ｕｅくんの研究方法はこうだ。

鳥取県東部を中心として、総務省統計局が定めている、土地を一キロメートル四方の格子状に区分けしたメッシュ（三次メッシュと呼ばれる）の一つひとつについて、イソヒヨドリがいたかどうか、何羽いたか、繁殖が確認されたかどうかを、三〇分から一時間ほど歩いて目視や双眼鏡で調べるのだ。繁殖については、繁殖期の雄に特有な鳴き声、餌をくわえて運ぶ姿、巣立ちしたヒナの姿などで確認した。

各メッシュの環境については、国土地理院が提供している航空写真や、それに付随している地図分析機能によって、林、田畑、建物が占める割合を調べた。また建物については、メッシュ内での建蔽率《ぺい》（メッシュ内で建物が占める割合、つまり、建蔽率が大きいほどメッシュ内で建物が互いに接近して立っているということだ）や、可能な限り各建物の高さも調べた。

私もUeくんとメッシュ内を歩いたが、Ueくんの目や耳は、私の数倍、イソヒヨドリ検出能力に長けていた。私も、大学で繁殖しているイソヒヨドリに、普段から挨拶するくらいの愛情で観察しているのだが、**Ueくんの目や耳にはかなわなかった**。

「あそこにいます」と教えてくれるUeくんの目は、日頃の、横長の細い目が、わずかに膨らむのだ。

一〇〇近いメッシュを季節ごとに歩いたUeくんは大変だったにちがいない。一人ひとりの学生と行なう、二週間ごとの〝研究成果〟面談は、学生たちにとってはプレッシャーだったたかもしれないが、私は結構、楽しかった。Ｕｅくんがボソボソ話す報告も、毎回、興味深く聞いていた。

そんなＵｅくんの調査でわかったことをまとめると次のようになる。

- 海岸から一五キロメートル以内の区域と、一五キロメートル以上三〇キロメートル以内の区域を比較すると、イソヒヨドリは**前者の区域に明らかに多く見られ**た。
- 前者の区域では、繁殖期には、**建蔽率が大きく高い建物がある場所**での繁殖が多く確認された。一方、非繁殖期には、**建蔽率が低い場所**を好み、建物の高さについては、好みは見られなかった。また、林ではまったく見られず、田畑でもわずかしか見られなかった。
- 後者の区域では、建蔽率が大きく高い建物がある場所でもイソヒヨドリはほとんど見られなかった。

次はＮｄくんの研究の話だ。

Ｎｄくんも写真が好きな学生だったが、撮影するのは、もっぱらヒトだ。

そもそも、一番好きなのは車だ。車の部品いじりが好きなのだ、その部品いじりがカメラにつながったようだ。

Ｎｄくんは、一年生のときから、卒業アルバム部という（そのまんま）「卒業アルバムをつくる」部で活動していた。卒業生の写真の多くはＮｄくんが撮影し、ゼミごとの写真も撮っていた。**小林ゼミの写真も三年連続してＮｄくんが撮ってくれた**。

Ｎｄくん自身が卒業するときは、当然、セルフタイマーを使わなければならず、そうやって撮ったのが下の写真だ。


そんなＮｄくんが、**なぜイワツバメの研究をすることになったのか？**

Ｎｄくんがイワツバメに到達するまでには、まー、紆余曲折あるのだが、Ｕｅくんの場合とおなじく、車をもっていたので広域の調査が可能であり、かつ、哺

Ndくんがセルフタイマーを使って撮った卒業アルバム用のゼミ写真。後列中央がNdくん。ヤギとタヌキのぬいぐるみは代々受け継がれている

乳類か鳥類がやりたいという希望だったので、「ヒトの生活圏内に広がりつつあるイワツバメ」の研究にたどり着いたのだ。

ちなみに、鳥の研究をはじめたことがきっかけというわけではないだろうが、Ｎｄくんは、春から夏にかけてのアルバイトで、鳥取砂丘での常設イベントとして行なわれていた「パラグライダー体験スクール」の補助員をしていた。Ｎｄくん自身も何度も飛んだそうだ。

夏期になると、ゼミ授業で研究室に現われるたびに、日焼けで黒く黒くなっていくＮｄくんを見ながら私は思ったものだ。**だんだんとイワツバメに似てきたんじゃない**、みたいに。

Ｎｄくんが車でコツコツ、鳥取県の三大河川、東部の千代川《せんだい》、中部の天神川、西部の日野川にかかる橋を、下流から上流へ移動しながら確認し、イワツバメの営巣状況を、橋の構造、材質、長さ、幅、高さなども記録しながら調べていった。同時に、河川にかかる橋ではなく、陸上の橋についても調査した。

そして（先輩が調べたデータも含めて）得られた結果からわかったことは次のようなことだった。

・イワツバメは、裏面がコンクリートでできており、かつ、コンクリートの補強板（橋を補強するために、下駄の〝歯〟のように裏面から垂直下方へ向かってつけられている板状構造）がついている橋でなければ、営巣しない（鉄板でできていたり、コンクリートでできていてもコンクリートの補強板がなかったりした場合、その橋には営巣しないということだ）。
・コンクリートの裏面と、コンクリートの補強板がそろっていた場合、営巣するかどうかを決定するうえで一番重要な要素になるのは、橋の長さや幅ではなく、橋の高さである。**約四〇メートルという高さ**が重要らしく、それよりも低いと営巣率はぐっと低下した。
・陸地の上（おもに道路の上）にかけられた橋でも、河川の上にかけられた橋でも、条件がそろっていれば、ほぼ同じ程度に営巣がなされた。

さて、ＵｅくんとＮｄくんが調べたイソヒヨドリとイワツバメ………、これらの、ヒトの生活圏内での生息・繁殖は、今の程度が維持されれば、いやもう少しくらい個体数が増えてもそれは好ましいことではないか、と私は思う。

そもそも**彼らの生息地を減少させてきたのはヒトである**。彼らはヒトの生活圏内で、適度に虫などを捕獲し（そのなかには、一種だけが圧倒的に繁茂する異常な植生地である田んぼや畑で増えすぎる〝害虫〟も含まれる)、地域全体の生態系の一部として機能している。また、動物との接触を求めるヒト脳内のプログラムにいくばくかの適切な刺激を与えてくれ、時には野生動物への共感的理解にも一役買ってくれている。

では、ヒトの健康を害し、時にはヒトを死にも追いやるウイルス(エボラウイルス、ニパウイルス、新型コロナウイルスなどなど)やマラリアを引き起こすマラリア原虫(ハマダラカの体内で繁殖する)、猛毒のヘビ、ヒトを襲う可能性が高い大型肉食獣といった野生動物(彼らも地球生態系の要素となってきた野生動物だ)についてはどうだろうか。

原因が、**ヒトが彼らの生息地に、開発や樹木伐採などによって侵入していった**からだとしても、拡大するヒトの生活圏内に彼らが生息することを認めるヒトはまずいないだろう。一個体も残さず排除するべきだと考えるだろう。

被害という面から言うと、イソヒヨドリとマラリア原虫との中間に位置する、農作物に被害を与えるイノシシやシカについてはどうだろうか。読者のみなさんも、ヒトの生活圏から全個体排除すべきと考えるだろうか。

**これが「人類規模、地球規模」の問題だ。**

われわれは、野生動物の侵入などの問題を、大きなビジョンのなかでどうとらえ、どう対処していくのか。

私の考え方はこうである。

まずは、生態系の話から。

映画などではよくある場面だ。宇宙ステーションを想像してみよう。

そのなかではヒトが生きなければならないのだから、酸素や温度、湿度といった環境を維持し、きれいな水や食料を持続的に供給する装置が宇宙ステーションのなかになければならない。その装置は、膨大な数の、さまざまな種類の部品からできているはずだ。仮にそれを**「人類生命維持装置」**と呼ぶことにしよう。

そして、地球も、大きさや複雑さこそ違え、宇宙ステーションと同じなのだ。地球内でヒトが生きられるのは、生態系という、一種一種の野生動物が一つひとつの部品になって出来上がっている、地球規模の「人類生命維持装置」が正常に動いているからなのだ。

映画では、しばしば、宇宙ステーション内の人たちのそれぞれの思いが交錯しながら、そのなかで「生命維持装置」の故障が起こり、ストーリーは展開する（なんの話だったか、わからなくなってきた）。

故障の原因を調べ、**修理をしなければならない**。そこにさまざまな人間模様が浮かび上がる。

また、ずれてきた。

いや、これでいいのだ。

地球の生態系＝地球規模の「人類生命維持装置」も、故障が発生し、その症状が拡大しつつある。なかでも顕著なのが気候変動である。

原因はほぼわかっている。さまざまな人間模様が絡み合いながら、修理へ向けてゆっくりと人類は動きつつある。間に合うかどうかはわからないが。

ちなみに、私は、地球規模の「人類生命維持装置」を構成する部品である**ニホンモモンガや****モモジロコウモリやアカハライモリ**などが失われてしまわないように動いている。ニホンモモンガやモモジロコウモリやアカハライモリを「部品」と呼ぶことに違和感を覚える方もいるだろう。でも、生態系の重要さの理由を理解するときには有効なとらえ方なのだ。もちろん、私の行動を後押しするのは、これらの動物たちが、**ただただ好きだ、という気持ち**であることは言うまでもない。

映画のなかの、宇宙ステーションの生命維持装置の修理は、たいていはなかなか困難を極める。でも事故発生から一時間くらいで修理は終わる。回復する。それは、（映画は長くても二時間程度と決まっている、ということはさておき）、各々の部品について、また、それらの部品同士の相互作用についてよくわかっているからである。症状がわかれば原因も推察しやすく、**どこをどう直せばよいか**、わかるからである。

でも、地球規模の「人類生命維持装置」はそうはいかない。部品（生物種）の総数もわかっていないし、部品同士の相互作用（食物連鎖なども含めた生態的関係）もよくわかっていないからだ。でも明らかなことが一つある。部品（生物種）の数が減ってくると、**装置はだんだん作動しなくなる**だろう、ということだ。絶滅種が増えてくると、人類は生きていけなくなる、ということだ。

だから、少なくとも今は、（一年間に数万種が絶滅していると推察する研究者もいる）生物種の絶滅を防ごうとしているのだ。生物多様性を守ろうとしているのだ。

現在、地球規模の「人類生命維持装置」を支えている生物種は、まー、数千万程度ではないか、というのが大方の研究者の予想である。でも、まだまだ実際のところはわかっていない。

さて、こういう、地球規模の「人類生命維持装置」をつくっている野生動物を、たとえば「作物に被害を与える」という理由だけで、**簡単に、その地域から一掃してしまってよいのだろうか**。シカやイノシシなどのことである。

もちろん、被害を受ける当事者の方たちにとっては、それぞれ状況には違いがあるだろうが、苦痛であることは確かだろう。被害によって生活の基盤が大きく揺らぐ方たちにとってはなおさらだろう。

対策として、理論的には次のようなやり方があると思う。

多くのヒトに大きな害（軽微でない病気や死亡など）を与える野生動物で、地球規模の「人類生命維持装置」の維持には不可欠ではないことがわかっている、あるいは、かなり高い確率でそう推察できる生物については、絶滅をめざす（一九八〇年に天然痘ウイルスの根絶が宣言されたのはその一例である）。完全な絶滅が無理な場合には、〝大きな害〟を治療する方法を開発する。

それ以外の野生動物は、被害の程度にもよるが、絶滅をめざすのではなく、**ある程度の被害は受け入れながら**、個体数の過度な増加を防ぐ。過度な増加を防ぎながら共存をめざすのである。過度な増加とは、その地域に生息・生育するほかの生物種が、そのままの状態が続けば絶滅（地域的絶滅）してしまうような増加である。


読者の方のなかには、この言葉に嫌悪感を覚える方もおられるかもしれないが、「野生動物の管理、特に生息環境と個体数の、ヒトによる〝管理〟」である。

もちろん、少なくとも地球以外の場所で生きられる日が来るまでは、ヒト自身も、人口が過度に増加するのを防がなければならない。


理論的には、当然のことながら、こういう筋道が考えられる。

そして、この筋道のなかで、特に大きな困難をともなうのは、次のような点である。

「野生動物の過度な増加をどうやって抑制するのか」

「現在起こっているヒトの過度な増加をどうやって抑制するのか」

「ヒトの人口増加、それによって拡大する野生動物への影響をどのように小さくするのか」（影響とは、生息地の破壊、生息地の大気・水・土壌などの環境汚染などである）

私は、以上のように考えたとき、**浮かび上がってくる方策**が、「ヒトと野生動物との共存のあり方」を指し示し、その大きなビジョンのなかで「われわれは、野生動物の侵入へどう対処するのか」につながってくるのだと思うのだ。

ヒトと野生動物との共存のあり方……。**それはこういうことだろう**。

- 個々の生物種の特性と生物種間の関係を調べつづける。「地球規模の人類生命維持装置である生態系」の仕組みをより詳しく知らなければならない。
- ヒトに深刻なダメージを与え、かつ装置に不可欠ではない種を地球上から取り除く努力をする。
- 「地球規模の人類生命維持装置である生態系」の〝部品〟＝野生動物が失われていかないように努力する。

このビジョンのもとで、「野生動物の侵入」に対してとるべき方策としては、次のような内容が頭に浮かぶだろう。

①農作物に大きな被害を与える動物や、ヒトに危害を与えることがある動物に対しては、耕作地も含めた、ヒトの生活圏内に侵入しないように、**彼らの本来の生息地を守り**、あるいは回復し、そこへ追いもどす。被害が少ないようであればヒトが我慢する。

②ヒトが引き起こした、気候変動にともなう冬の積雪減少や天敵の地域絶滅などのような要因によって個体数が過度に増加した野生動物については、狩猟などにより個体数を管理する。

③イソヒヨドリやイワツバメのように、ヒトに、ほとんど、あるいは、あまり被害を与えない野生動物については、**ヒトの生活圏内に歓迎する**。

もちろん、以上に挙げた三つの方策、特に①、②が容易ではないことは、地方での現状が物語っている。ただし、動物学者も含めた関係者による、生物の特性を探る研究や、それに基づいた実践的な具体的対処法の研究が進みつつあることも事実だ。たとえば、今後もっともっと改善が必要だが、ニホンザルの被害対策としての「モンキードッグ」(畑や住宅地に入って作物を荒らしたり、ヒトを攻撃したりするニホンザルを、山へ追い上げるように訓練されたイヌ）は、動物本来の特性を利用して、ニホンザルを本来の生息地にもどすよい方法だ。害獣被害はヒトが居住地を広げていった結果ではあるが、ヒトの命が優先されなければならないことは言うまでもない。ニホンザルには申し訳ないが、山での、ある意味で厳しい生活を送ってもらうことがヒトとの共存を可能にする道だろう。一方で、ヒトは、生物多様性に富んだ、つまり**ニホンザルにとって比較的餌の多い山の環境にもどす努力もしなければならない**だろう。

法的な問題や習性の違いもあり難しいことは確かだが、シカドッグやイノシシドッグを模索できないかと思うのは私だけだろうか。

私のような動物好きにとっては、イヌと協力して、シカやイノシシを、殺すのではなく、共存を可能にする場所へと移動させる、という行為は、なにかナチュラルで、ヒトにとっても、生きることの厳しさが伝わってくる**健全で前向きな**（そして楽しみもそこそこにある）方策であるような気がするのだ。私が子どもだったころ、飼い犬トムと一緒に、初めて足を踏み入れる山の奥を冒険したときのような健全な挑戦を感じるのだ。

ヒトの生活に大きな害は与えない動物たちとの「ヒトの生活圏内での共存」にも健全な思い

を感じる。

餌はいっさい与えない。彼らは自力で、生態系の本来の位置に立って生活する。ただし、ヒトの生活圏内の人工物をねぐらとして使うのだ。

鳥取環境大学では、大学を建てるとき地下の水を逃がすための方法として、太い排水パイプを盛土のなかに埋めた。それが置き去りにされて、その上がヤギの放牧場になったので、ヤギの放牧場の斜面から顔を出したパイプをホンドギツネがねぐらとして利用している。そこで親ギツネは仔を育て、仔はやがてそこを離れていく。

**それでよいではないか**。

イソヒヨドリやイワツバメはもっとヒトの生活圏に入ってくればよいのだ。

ヒトは、その生活圏を今よりもっと緑多い環境に変え、AＩも含めた科学技術や経済理論を発展させ、生物との共存可能な環境に変えればいい。**そこにもっともっとお金と（クリーン）エネルギーを使えばいい**。ヒトが、多少の我慢もしながら、心地よく感じられる環境を生み出していけばいい。そうすれば、今よりもっともっと多くの野生動物がひきよせられるだろう。都市の子どもたちもそんな野生動物にふれられる環境のなかで育つ。子どもたちにとってもとてもよいことだ。ということは国にとってもよいことだ。

経済発展をそこに向かって伸長させればいい。グリーン・ニューディールの一環ととらえることもできる。

## ヒトと野生動物との共存のあり方とは

………。勝手な空想を書かせてもらった。豊富な知識と思考力を備えた専門家が聞いたら笑うかもしれない。笑うだろう。しかし、いくばくかのよい断片は含まれているはずだ。

私の自宅（借家）の屋根によく来る雌のイソヒヨドリ。ヒトの生活圏をもっと緑多い環境に変えていけば、より多くの野生動物がひきよせられるだろう

# 泳ぐニホンモモンガ、
# 交尾するシマヘビ、
# ヤマメの胃のなかの甲虫

なかなか面白かったよな。たぶん最後の調査実習

二〇二三年五月の終わり、二年生（になりたて）の一五人と鳥取県智頭町《ちづちょう》芦津渓谷《あしづ》での実習「ニホンモモンガが棲む森の生物調査」に行った。

鳥取環境大学が公立化してから毎年の調査実習なのでもう一〇回以上行なってきたことになるが、最後になったこの実習では、**これまで出逢ったことがない出来事**にもいろいろと遭遇し、特に思い出に残るものになった。実習を振り返りながら書かせていただきたい。

まずは大学で一時間ほど調査について説明したあと、バスで標高九〇〇メートルほどの、芦津渓谷の上流部へとたどり着いた。雲はかかっていたが、バスの外には気持ちのよい空気が満ちていた。

さて、スタートは、**高地に棲むアカハライモリたちの観察**からだ。

めざすアカハライモリたちがいる水場はここ七、八年のうちに三回変わった。水場がなくなるたび、イモリたちが新しい水場を求めて移動したのだ。

最初にアカハライモリたちを見つけたのは、直径一〇メートルくらいの、周囲をスギやミズナラの木が取り巻いた浅い池だった。やがて、近くの林道の工事が原因で、その池に水が入らなくなり（谷川と池をつなぐ細い溝があり、もともとはそこを通って水が入っていたのだが）、イモリたちは池から姿を消したのだ。イモリたちがいなくなった、水のない池を見たときには私は唖然とした。そして周囲を懸命に探したら、そこから一〇メートルほど離れたところに、工事の副産物としてできたと思われる池に、イモリたちがいたのだ。ホッとしたのも束の間、そういった人工的に出来上がった池は不安定で、一年後、水が涸《か》れ、**またイモリたちはいなくなった**。「またか」という気持ちでイモリたちがかわいそうになった。イモリたちが、もくもくと陸地を歩いていく姿が目に浮かぶようだった。

そして再び探しまわった結果、最初にいた池の、谷川を隔てた反対側の湿地帯で、なんとか生きているのを発見した。その場所に以前はイモリはいなかったことは知っていた。きっと移動してきたのだ。湿地帯の所々には、小さな水たまりがあり、イモリたちにとっては「住めば都」だったのかもしれない。

最初に見つけた個体は痩せているように見えたが、湿地のなかのスゲやコケの間をかき分けるようにして探してみると、**結構、よい体格の個体も次々に見つかり**、ホッとした気分になった。

それからは、その湿地帯が、調査実習でのアカハライモリの調査地になった。

ここでちょっと、アカハライモリの生活場所の〝気の毒な〟移動についてふれておきたい。

確かに、ここでお話しした例は、「工事」という人工的な行為が原因になって、〝気の毒な〟移動に追い込まれたのだが、そもそも高地のアカハライモリにおいては、**しばしば陸地を歩き、生息地を変える場合もあるようだ**。一番驚いたのは、雌のアカハライモリが、標高一五〇〇メートルの、鳥取県で二番目に高い山の頂上付近の山道をトコトコ横切っていた「イモリ、一五〇〇メートルの高山を行く」事件だ（詳しいことは『先生、シマリスがヘビの頭をかじっています！』に

水場が消失するたびに移動を強いられるイモリたちを気の毒に思う。最終的には元いた池の、谷川を隔てた反対側の湿地地帯に棲みついたようだ

書いた）。

このアカハライモリは、平地の水場のアカハライモリと比べ、**皮膚の厚さやゴツゴツ感、太い四肢**など、かなり特徴的な姿だったが、そこまでの強者ではなくても、比較的高地の陸地でアカハライモリを見ることは時々あった。高地の水場事情は、自然の変化によっていろいろ変化し、今まであった水場がなくなったり、新たにできたりすることもあり、アカハライモリは、それに適応してたくましく生き抜いているらしいのだ。

さて、湿地帯を前に、私は、学生たちに、そこでの調査の開始を宣言したのだが、最初は学生たちは、アカハライモリを見つけることができない。腹は赤いアカハライモリだが背中は黒いのだ。湿地帯の水場は植物などに覆われていたり、古い枯れ葉がたまっていたりして黒っぽくなっている水底でじっとしているアカハライモリは、**底の色に溶け込んで見つけにくい**のだ（いわゆる隠蔽色《いんぺい》というやつだ）。私が「ほら、ここにいる」と言ってあげるとやっとイモリが見えてくる学生も多い。いったん見えてくると、脳はそのイメージを記憶に刻み、次から次へとアカハライモリの姿に反応しはじめる。

そうして学生たちが、アカハライモリに関してそれぞれの発見をためていったころ、集合をかけ、雄と雌の違いやその理由について、学生たちに質問しながら説明する。たとえば、雄の尾は雌の尾に比べ、**幅が広くてしなやか**だ。それは、繁殖期には雄が雌に、肛門部の分泌腺でつくられるソデフリンと呼ばれる物質を雌の鼻に届けるためだ。雄が尾を振って肛門部から雌の鼻へと向かう水の流れをつくり、その流れにソデフリンを乗せるのだ。雄の尾は、幅が広くてしなやかであるほうがいいだろう。そんな感じで。

行動についても話す。たとえば、アカハライモリを背中が上になるようにして腰のあたりをつまむと、彼らは上半身をねじるように回転させ、その結果、腹側と背中側が交互に上向きになる。つまり上から見ているわれわれの目に、腹側と背中側が交互に見えることになる。

アカハライモリに限らず**「赤色」は威嚇的・防衛的効果をもつ**ことが多い。

腰のあたりをつかまれたアカハライモリが体をねじる行動についても「どうしてこんな動作をするのか?」と学生たちに問う。

教室内での座学で同じ映像を見せても、おそらくあまり発言はしないだろう学生たちが、こういった状況では次々に意見を口にする。

私は、「なるほど」とか「それはどうして」とか、褒めたり、さらなる思考を促したりして話を進めていく。

まずは背中の黒色で見つからないようにしておき、もし認知されて体にふれられたら、体を回転させて腹側の赤色を見せ、**攻撃をためらわせる**。アカハライモリの戦略だ。

調査実習の時期はアカハライモリの求愛がはじまるころでもあるので、水場で尾を振りながら雌に求愛している雄がいるときは、みんなで円陣になって観察することもある。

「へー」みたいな顔をする学生たちを見ながらそんな話をする時間は、私にはとても

腰のあたりを持つと、体をよじって腹面を見せるような体勢になる。背中の黒色と対照的に、オレンジ色がかった赤色が鮮やかに見える

楽しい。

ちなみに、アカハライモリの腹は一面赤色というわけではなく、黒い小斑が散在している。その黒色の小斑がつくる模様が日本各地で異なっていることが知られており、その違いを**「地域変異」**と呼ぶことがある。鳥取では、西部には、広島で特徴的な広島型が多く見られ、東部では兵庫県で特徴的な篠山《ささやま》型が多い傾向がある。鳥取県内では広島型と篠山型が交雑しているらしく、中間の小斑模様のタイプ（中間型）も多く見られる。

実習では、芦津渓谷の高地ではどのタイプが多いかにも注目して調べてもらう。毎年、同じ傾向が見られ、広島型は少なく篠山型と中間型が多い。

学生たちが、ちょっと変わった小斑模様のタイプを見つけて持ってきてくれたり、一匹の雌に複数の雄が求愛していることを知らせにきてくれたり……そうやって生き生きと活動している姿を見るのも楽しい。

アカハライモリの湿地帯では、今年は、**今までの実習では見たことがなかった動物や、動物の行動**が観察された。私も面白かった。

お話ししよう。

一つ目は、ブチサンショウウオか、あるいはヒバサンショウウオの卵嚢である（私には識別はできなかった）。湿地帯の水たまりのなかに、枯れ木に絡めつけるようにして産みつけられていた。

発生が進んだものは、私が卵嚢を持つと、ゼリー状のチューブが破れて幼生が外に出てきた。

その水たまりのなかにアカハライモリもいたが、アカハライモリのほうは雄の求愛行動は見られたものの、産卵はされていなかった。いずれにしろ、**サンショウウオと**

ブチサンショウウオかヒバサンショウウオの卵嚢（左）。手に持つとゼリー状のチューブが破れて幼生が外に出てきた（右）

**イモリが両方、同時に、同一場所で見られたのははじめてだった**。というか、この期の実習でサンショウウオの卵嚢を見たのははじめてだったのだ。

私は、学生たちを集め、サンショウウオについて説明し、観察させた。

そうこうしていると、後ろのほうで、聞き捨てならない声がした。

**「これ、マムシですか」**

マムシ? マムシだったら危険だ。「これ」というのなら足もとかどこか、すぐそばにいるのかもしれない。

私は、すぐに、〝後ろのほう〟へと振り返った。

学生は少し離れたところにいて、確かにその足もとにマムシがいた。そして、その傍には並ぶようにアカハライモリがいたのだ。

もちろん私にとってマムシはけっして怖い存在ではなかったが、なにせ、学生たちと一緒なのだ。その湿地帯をマムシが徘徊する可能性があるということは……**気をつけなければならないということだ**。

私はマムシの頭を足で押さえて首をつかみ、その背中の模様を学生たちによく見せて、注意するように話したのだった。マムシを見つけた学生は、マムシはアカハライモリをねらっていたのでは、と言った。確かにマムシの顔はアカハライモリのほうへと向けられていた。でもその真偽は私にもわからなかった。とにかく、それも、はじめての出来事だった。

不思議なことに、マムシの発見後（マムシは、私によってかなり離れた山のなかに放り投げられ、スギの落ち葉のなかへと姿を消していった）、**続けざまに二種類のヘビと出合うことになった**。

学生たちの、自然への感性がだんだん活性化してきたのだ。きっと。

後ろを振り向くと、マムシがいた（白矢印の先がマムシの頭）。そしてその傍にアカハライモリもいた（破線矢印）

まずは、発見者は（たぶん）Ｄｉくんだったと思う。

朽ち果てた大木の根もとの空洞のなかにシマヘビを発見した。一見、**アオダイショウと間違えそうなくらい立派なシマヘビ**だ。写真で見ると、にらみを利かせた、迫力のある風貌だ。ところが、このシマヘビは雌らしく、発見直後、（手袋をした）手をかまれつつ捕獲すると、なんと後ろには、というか下には、少し小さめのシマヘビがいて、すごすごと逃げていった。

もちろん私くらいの動物行動学者になると、何がどうなっているのかすぐ理解した。雌雄が交尾をしていたのだ。逃げていった雄を捕まえ肛門のところを見ると、ヘビに特有な、球に棘がびっしり生えたようなペニスが露出していた。

このペニスがメスの肛門に入って、ペニスが抜けないようになっているのだ。

つまり、この雌雄は交尾を私に邪魔されたわけだ。

私は、ペニスも見せて、ヘビの交尾について話そうかどうか一瞬迷ったが（野生児とはいってもシャイな野生児である私は、女子学生たちを前にしてちょっとだけ迷った、ということだ。かわいいではないか）、なかなか見られない貴重な現象だったので、しっかりと説明した。ペニスの構造は、**交尾を続けるために進化した雄の戦略**と言えるのだ。

次に、誰だったかは忘れたが（私だったかもしれない）発見し、私が捕獲したのは、**ヤマカガシ**だ。

ヤマカガシはいつ見ても勇ましい顔をしている。目のまわりの構造や色がそう感じさせるようなつくりになっているからだと思う。

ちなみに、ヤマカガシが毒ヘビであることは最近では多くの人が知っていることだが、その〝**毒**〟**は二種類ある**ことはあまり知られていない。

Diくんが朽ち果てた大木の根もとの空洞のなかで発見したシマヘビ（左）。こちらをにらんでいるこの個体は雌で、下にいた雄を捕まえ肛門のところを見ると、ヘビに特有な、球に棘がびっしり生えたようなペニスが露出していた（右）

一方の毒は、上顎の奥のほうにある腺に蓄えられているタンパク質系の物質であり、もう一方は、首の上面あたりの皮膚の下にある腺に蓄えられているステロイド系（タンパク質にも炭水化物にも脂質にも属さない天然有機化合物）の物質である。

上顎の奥のほうにある腺からの毒液は、いわゆる〝毒牙〟によって獲物のなかに入っていくのではない。通常の牙で表面が破れたとき、その破口から入っていく（ハブやマムシといった典型的な毒ヘビは毒牙をもち、毒液が牙の穴や溝を伝って効率的に獲物の皮膚下に入っていくようになっている）。つまり**ヤマカガシは毒牙をもたず**、嚙まれても毒が獲物の体内に入っていく場合は少ない。

もう一方の、首の上面皮膚下にある腺の毒液は、お

ヤマカガシはいつ見ても勇ましい顔をしている。目のまわりの構造や色がそう感じさせるようなつくりになっているからだと思う

そらく、猛禽類などが上からヤマカガシの頸部を足で押さえつけたときなどに、頸部の皮膚が破れて毒液が飛び散り、捕食者を撃退するような役割をもつように進化したのではないかと推察されている。そして興味深いことに、この腺の毒液は、**ヤマカガシ自身がつくったのではない**のである。ヒキガエルがつくり、体のイボに（特に耳の後ろにある耳腺に大量に）ためている物質を、ヒキガエルを食べることにより、そのままヤマカガシが拝借して使っているのだ。ブフォトキシンと呼ばれ、フグがもつテトロドトキシンと同じくらいの強い毒性があると言われている。

そんな毒をもつヒキガエルを食べたら、**ヤマカガシが死んでしまうのではないか**と思われる読者の方もおられるかもしれないが、毒は、ヤマカガシの血管のなかに入らなければ大丈夫だ。つまり、ヤマカガシはヒキガエルを食べ、血管を通すことなく頸部の腺に毒を移動させるということだ。

ヤマカガシを見せながら、学生たちにそんな話をした私だが、調子に乗った私は、次のようなヤマカガシとヒキガエルの話もし（てしまっ）た。

一人で、モモンガの森で調査をしていたときのことだ。

木に取りつけたモモンガ用の巣箱を点検しようとハシゴを上り蓋を開けたら、いかにも**「ついさっきまでモモンガがいましたよ」**と語りかけてくるような新鮮で大量の、モモンガ特有の巣材（スギの樹皮を細く裂いたもの）があった。でもモモンガはいなかった。

なんだ、いないのか、と思いながら私は蓋を閉めてハシゴを下りていったのだが、なんと、スギの木の根もとの草のなかに、腹がはちきれんばかりに膨れたヤマカガシがじっとして丸まっていたのだ。

以上の状態を聞かれて読者のみなさんは何を思われただろうか（学生たちには、どうしてそんなヤマカガシがいたと思う？　と尋ねた）。

**私は心臓をドキドキさせながら**、そのヤマカガシを捕まえ、網袋のなかに入れて持ち帰った。持ち帰って、ヤマカガシに安楽死に近い状態で逝ってもらおうと思い、網袋ごと冷凍庫のなかに入れたのだ。そして数日が過ぎ、私はヤマカガシを冷凍庫から取り出し、再び心臓をドキドキさせながら解剖用のハサミで腹を開いてみた。そこには、（モモンガではなく！）体が伸びきった大きなヒキガエルがいた。

さて、そんなこんなで時間は過ぎていき、時計は一二時を回った。昼食だ。

私は、動物探しに熱中している学生たちに大きな声で言った。「**そろそろ昼食にします**。各自好きなところで食べ、一三時までにここへ集合してください」みたいなことを。

五月の終わりの晴れた日、両側をスギと自然木（ブナやミズナラなど）に挟まれた湿地と乾燥草原がまざる広場で食事をとるのは気持ちがいい。すぐそばを流れる谷川の水が奏でる音、鳥たちの声も味つけになり、なかなか爽快だ。

でも学生たちの多くは、**食事もそこそこに**、各自、動物の探索を再開していた。

Ｎｔくんは大きなヒキガエルを見つけ、うれしそうな顔をして両手で持ち上げ（毒

食事もそこそこに探索を再開する学生たち。Ntくんは大きなヒキガエル（左）を見つけ、Saくんはカナヘビ（右）を捕まえて持ってきてくれた

についての知識はもう十分心得ていた）、Ｓａくんはカナヘビを捕まえて持ってきてくれた。

昼休みが終わると、全員集合して、いよいよニホンモモンガの一つ目の調査地に向かった。私が研究を続けているスギとブナ、イヌシデなどがまじった植生の調査地だ。そして、私は、そこでの調査で、**それまで一度も見たことがなかったニホンモモンガの行動を目にすることになる**。

………

五つ目（くらい）の巣箱をチェックしたときだった。まずは、スギの幹にハシゴをかけ、地上六メートルくらいのところに取りつけている巣箱の出入り口の穴に手袋をねじ込んでふさぐ。次に蓋を少し開け、なかの様子を見る。モモンガがなかにいるときは、ほぼ例外なく、スギの樹皮を細く細く裂いてつくった巣材が見え、**巣箱からも〝重さ〟が感じられる**。

そうなると「よし！　いるぞ」と胸が高鳴る。何百回体験してもその快感はわき起こる。私は確認のためになかなかに手を入れ（モモンガは巣箱の奥に移動し動きを止める）、手袋の先が体毛にふれると「やっぱりいた」と期待が確信に変わる。最後は、蓋を閉じ、巣箱を幹から外して地面まで持って下りる。

そのあとは、地面での作業になる。巣箱を網袋に入れ、出入り口の手袋を取り、蓋を開ける。そして巣箱のなかをかき出すようにすると、モモンガが**勢いよく飛び出してくる**。

学生たちから歓声が上がるのを聞きながら、私は網袋のなかでモモンガをつかみ、外へ出す。まずは、雌雄の確認。それからマイクロチップリーダーで、これまで捕獲しチップを臀部皮下に入れている個体かどうかを確認する。そのときは、新個体であることがわかった。

次に、モモンガを新しい網袋に入れ、体重を量る。

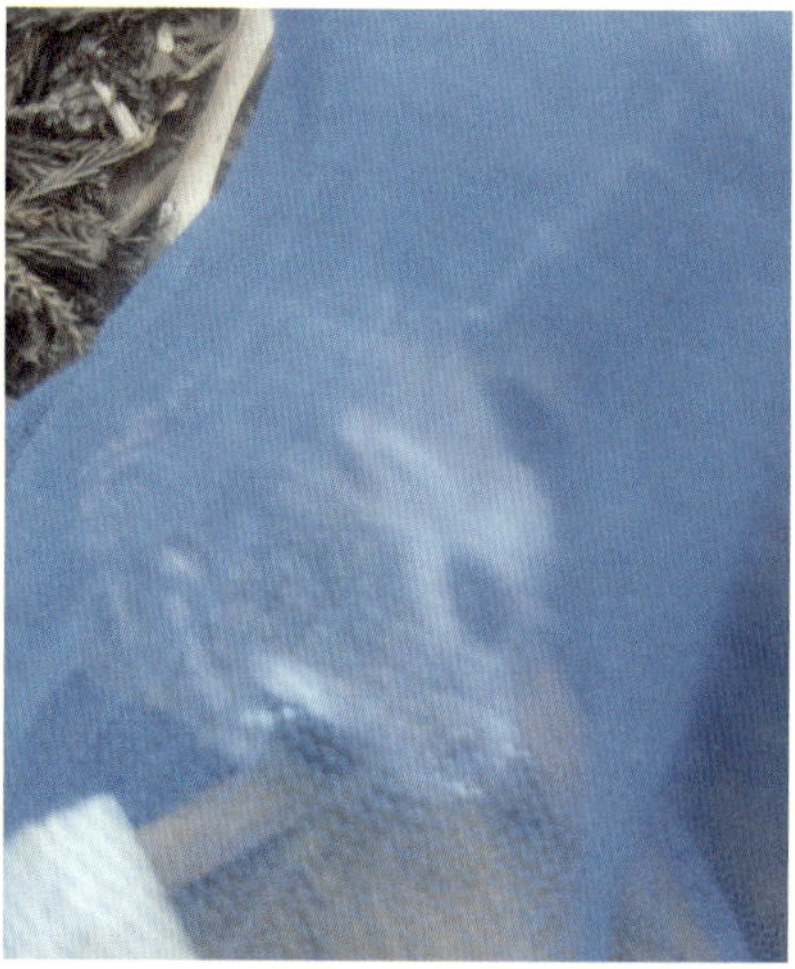

モモンガ用巣箱（左）。モモンガがなかにいたら、巣箱を幹から外して地面まで持って下りる。巣箱を網袋に入れ、出入り口の手袋を抜き、蓋を開けると、モモンガが勢いよく飛び出してくる（右）

一連の作業は、アシスタントとして同行してくれている学生が手際よくサポートしてくれる。新しい固体であることがわかったので臀部に新しい番号のマイクロチップを注射器で入れ、モモンガを巣箱に入れて入り口を周辺のコケを丸めて蓋にし、巣箱ごとハシゴを上って元の場所に取りつける。ただし、その時は最後の実習でもあり、学生たちにモモンガの行動をよく見せたいと思い、モモンガを、そのまま上に巣箱がついているスギの根もとに放獣した。

**事件が起こったのはそれからだった**。

こういう場合は、放獣されたモモンガはスギの木の幹に飛び乗り、上へ上へと登っていくのだが、そのときの個体は、根もとから離れるように地面を走っていったのだ。私はこれからどうなるのか、素早くスマホを取り出し記録した。

すると、なんと、モモンガは、一度、こちらを振り返ったかと思うと、その後、調査地の中ほどを流れる小川に、**自分から飛び込み、泳ぎはじめた**のだ。細流のなかで回転するように……犬かきのような泳ぎ方で。モモンガかきとでも言えばよいのだろうか。

私はニホンモモンガが水面を泳ぐのは、以前にも一度、見たことがあったが（詳しくは「モモンガグッズをめぐる、おもにヒトの話」の章でお話しする）、こんなにも近くでその泳ぎを見たことはなかった。さらに、以前見たモモンガは、明らかに方向を誤って着水した様子だったので、自分から水に飛び込むモモンガを見たのはこれがはじめてだったのだ。

**学生たちもざわついていた**。

そりゃあそうだろう。「空中を滑空する動物」というイメージのモモンガが「水中を泳ぐ動物」になっていたのだから。モモンガが泳ぐなど思ってもみなかっただろうから。

やがてモモンガは小川から這い上がり、近くのスギの木の幹に飛びつき、上へ上へと登っていった。

放獣されたモモンガはスギの根もとから離れるように地面を走っていき、一度こちらを振り返ったかと思うと（左）、自分から小川に飛び込み、泳ぎはじめた（右）

渓流のほとりに生えているスギを、移動や巣場所のために利用する個体もたくさんいる。何かアクシデントが起こって渓流に落ちることもあるかもしれない。そんなときのために、泳げるように進化し、時には自分から水中へ移動する特性も身につけたのかもしれない。

学生たちにそんな話をしながら、次の巣箱の調査へと向かった。

この調査地では、最後の一〇番目の巣箱にもモモンガがいた。

今度のモモンガは、〝いつもの〟モモンガだった。体重の計測などを終えて、巣箱がついているスギの木の根もとに放獣するとスルスルと木を登っていった。巣箱に入らず、上へ上へと登っていき、枝葉で下からは見えないところへ移動していった。


次の調査地は、最初の調査地から歩いて一〇分もかからないところにある。

ここでもモモンガは、**通常はなかなか見られない行動**を、学生たちに見せてくれた。

巣箱の点検も最終段階になったころだった。巣箱にモモンガがいた。「いる！」と思いながら、巣箱を外して地面に持って下り、学生たちに一連の作業を見せて、さて、放獣となった。

網袋から木の根もとへと出されたモモンガは、幹に飛びついてそのままスルスルと登っていき、巣箱もスルーして、さらに上に上にと登っていった。私の目には、もう、モモンガの姿は見えなくなっていた。

**そんなときだった。**

学生の一人が叫んだのだ。

**「飛んだ！」**

私は、えっ！　と思ってモモンガが登っていった先に目を向けたが、何も見えなかった。

でも多くの学生たちは見ていた。そして、一人の学生は、その飛翔をスマホで撮影していた。Ｆｇさんだ。

あとで、滑空するモモンガを撮ったＦｇさんから映像をもらった。臨場感のある映像だった。学生たちは喜んでいたが、夜行性であるモモンガで、その滑空を目撃できたことがどれほど幸運だったか、彼らは知らないだろう。

その日、最後に調査したのは、〝泳ぐモモンガ〟や〝滑空するモモンガ〟を見た場所から、バスで一〇〇メートルほど下った、樹齢一〇〇年近いと思えるほどの立派なスギが散在する場所である。自然林に接しており、ニホンモモンガにとっては絶好の環境条件で、私が、かれこれ一五年ほども前に**ニホンモモンガにはじめて出合った場所**でもあった。ニホンモモンガをめぐる動物行動学やそれを基盤とした「地域の活性化」と「野生動物の保全」をつなげる実践をはじめるきっかけになった場所である。

当然ながら学生たちは知らない、いろいろな思いを胸に、巣箱のチェックを行った。今回は、ついさっきまでなかにいたような巣材が二つの巣箱で見つかったが、個体本体はいなかった。でも、ほかの巣箱のなかの状態（ヒメネズミやシジュウカラ・ヤマガラの巣材、これから卵を産むマルハナバチの女王などが見られた）も含め、私には

私がはじめて出合ったニホンモモンガ。ベランダから身を乗り出して通りの様子をうかがう貴婦人のように思えた

有意義な調査だった。

一日目の実習が終わりに近づいたころには、空は少し暗くなっていた。

最後に、モモンガの森の林床に、アカネズミとヒメネズミを対象にしたトラップを仕掛け（私は、アカネズミとヒメネズミの林床における動態を一〇年近く調べてきた）、一日目のメニューが完全に終わった。

コロナ禍の前だと、調査地から芦津の集落まで下り、集落の公民館「どんぐりの館」に宿泊し、〝館〟に隣接する「ももんがの湯」に入り、二つの建物の前の広場で、地域の人たちとバーベキューをして交流していた。でも、今回の実習を行なったとき、コロナはまだ収束していなかったので、〝館〟での交流と宿泊は見送り、そのまま大学まで帰った。そして、また翌日、大学から芦津渓谷をめざした。

二日目の最初は、一日目の終わりに仕掛けたトラップの点検からはじめた。アカネズミが三個体入っており、すべて新しい個体だったので、チップを入れて放した。逃げていく途中、学生たちの脚の下を通り、そこで一休みしてからまた逃げはじめる個体もいて、学生たちも喜んでいた。

次は、二日目のメインイベントである"樹齢一〇〇年近いと思えるほどの立派なスギが散在する"一日目の最後の調査地に沿って流れる**谷川での水生生物の調査**に移った。

この調査の目的は、「こういった（標高が高い）谷川にはどんな動物が生息しているか」を調べることを通して、**「森林内の生態系と水域内の生態系とのつながり」について考える**ことだった。

2日目のメインイベント、谷川での水生動物の調査。標高が高い谷川にどんな動物が生息しているのかを調べることによって、「森林内の生態系と水域内の生態系とのつながり」について考える

谷川の岸は平地で、ほどよく草が生え、好ましいキャンプ地のようになっていた（だから、昼食は、ここにキャンプ用ガスコンロを置いてレトルトカレーを温めてみんなで食べるのだ）。大学から持ってきたウェダー（水深が深い水場に入っても濡れないように胸まで伸びた胴長）や大小さまざまな網、採取した動物を入れるバットやバケツや水槽などを並べ、キャンプ用のテーブルも置いた。

そのうえで、全員集合してもらい、採取の意味や気をつけなければならないことなどを話した。また、どんな動物がどんな状態で見つけられるかについては知らせず、ただし、ねらい場所については最小限のことを伝えた。そして、**学生たちを谷川へと〝放流〟した。**

学生たちは思い思いの道具を持ち、思い思いの場所に進んでいき、思い思いの方法で網を使いながら採取をはじめた。

しばらくすると〝獲物〟を持って岸にもどり、岸の上流から下流に並べて置いてあるバットに入れていった。

止水域の底にたまった枯れ葉のなかで何かが動いていたので葉っぱごと捕ってきましたとバットに入れた学生には、じゃ、葉っぱから動物を取り分けてこっちのバットに、と言ってピンセットを渡した。

カワゲラの幼虫やカゲロウの幼虫、貝など、いろいろな動物がいるのに驚いていた。

同じような場所から、葉っぱを小さい四角に切ってそれをミノムシがやるように縫い合わせ、筒状の巣をつくるトビケラ（カクスイトビケラの仲間）の幼虫や、タカハヤという比較的高地に棲む魚、一目見て「こいつ悪い奴！」と思ってしまうような肉食のヘビトンボの幼虫を捕ってくる学生もいた。サワガニやヤンマ系のヤゴ、ブチサンショウウオの幼生、カジカガエルも………。**谷川は動物であふれている**。ただし、そこには生態系と呼ぶ秩序があり、落ち葉をトビケラやカゲロウの幼虫が食べ、

まだ鰓《えら》が残っているブチサンショウウオの幼生。左上はモンカゲロウ、右下はヒラタカゲロウの幼虫

それをカワゲラの幼虫やサワガニ、ヘビトンボの幼虫などが食べ、それをヤゴやタカハヤなどが食べ（必ずしも直線的な関係ではなくカゲロウの幼虫をタカハヤが食べたり、ヘビトンボの幼虫をサワガニが食べたりすることもよくあるだろう）……といった**食物連鎖あるいは食物網**などを通して動物同士がつながっている。

ポイントである〝森林生態系と水域生態系のつながり〟はいろいろなところに見られる。

森林の葉が谷川に落ちて水生動物の餌になり、トビケラやカゲロウやカワゲラの幼虫などは、羽化して森林のなかを飛び、モリアオガエルやテングコウモリやシジュウカラたちの餌になる。さらに想像をふくらませると、谷川で魚をとることもよくあるテンが、タカハヤやカジカガエルを捕らえ、陸上で糞をする。その糞はスギやブナなどに吸収され葉の要素になる。葉はやがて枯れて水底に沈みトビケラの餌になる……。

そんな話をしていたら、谷川の上流に狩場を求めて遠征していたのであろう。男子学生が、**立派なヤマメを四匹、網に入れてもどってきた**（私は、彼がいないことに気がついていなかった）。

なんでも、上流で釣りをしていたおじさんがくれたという。一匹を除いてほぼ死んでいた。

私は、〝おじさん〟に感謝しながら、これ幸いと、ヤマメの胃を開けてみることにした。

理由？

それは〝森林生態系と水域生態系のつながり〟について、具体性を示しながら、別の一面を学生たちに伝えたかったからである。

何が出てくると思う？　と学生たちに聞きながら胃を開けていくと、なかからは、各種の甲虫やトビケラ、カゲロウの成虫などが、**半分消化された状態でたくさん出てきた**。木から落ちてきた甲虫や、森林から出てきて水面を飛翔するトビケラやカゲロウの成虫を、水中のヤマメが捕食したということだ。

ヤマメの胃のなかから、いろいろな虫が出てきた。森林と水域がつながっている確かな証拠だ

**私の予想どおりだった！**　つまり、森林の生態系の一部が、水域の生態系の一部に取り込まれているのだ。どうだ、両生態系のつながりがわかっただろう。このようにして、生態系同士は、結局、世界中でつながりあって地球規模の生態系を形成しているのだ。チョットヒヤク？

最後に、みんなで芦津の森を歩いて、出合うさまざまな生物を観察し、生態系のなかの一員としての生き方を話し合って、実習は終わった。

# 海でイルカの遺体を見つけた話

「ミールワーム → ハエの幼虫 → ダンゴムシ・ワラジムシ？」

読んでいただければ意味がわかります

これまでの「先生！シリーズ」でも何度か登場しているが、私の楽しみ、兼、調査のスポットの一つとして、鳥取県東部の大きな河川「千代川《せんだい》」の河口に広がる**千代砂丘《せんだいさきゅう》**がある（ネットのマップで調べても〝千代砂丘〟は出てこない。私の勝手な命名だからだ）。いわゆる鳥取砂丘（こっちはネットのマップで出てくるはずだ）の最も西に位置する一区画で、私は時間のある休日の朝、よくここを訪れる。浜辺を歩くと、「元気を出せ」と、人生のちっぽけな悲哀を癒やしてくれるような風が顔をなでてくれ、足元では、波に打ち上げられた、さまざまな生物の遺体が（時にはまだ生きている生物が）、「ここにいるよ」と呼びかけるように横たわっている。

遺体は、川や海を長く漂ってきた証を体に刻んでいて、そんな〝証〟も、私に命の形、**命の歴史のようなものを感じさせる**。拾い上げて、研究室に持ち帰り、机上などの、いろいろなところに並べて置いた。授業で講義室に連れていくこともよくあった。

私の研究室にはじめて入られた方は、目に入るいっぱいの〝遺体〟（それと、鳥の巣や哺乳類や魚の骨格、ニホンモモンガの絵や写真などなども）に、そのヒトそのヒトに特有な認識世界のなかで、何かは感じられたにちがいない。感じられたことを口に出して語られるヒトはまれだったが。

千代砂丘の浜辺には、さまざまな生物の遺体が横たわっている

私は五年ほど前から、千代砂丘の海辺で拾った流木や流石の上に生物の遺体をのせて接着剤で固定し、「海辺のコラージュ」と称した作品をつくっている。ちなみに、私自身は、たいていは「ああ、いいものができた」と思うのだが（じつに幸せな性格だ）、Xに投稿しても反応はよくない。**写真だとやっぱりよさが伝わらないなー**、と思うことにしている。

さて、これからお話しするのは、流木や流石の上にのせてコラージュにすることができないくらい大きな動物の遺体の話だ。

その動物とは、………**イルカ**、だ。

イルカはクジラ類のなかの一種であり、小型クジラと呼ばれることもある。クジラとしてはとても小さな種類である。でも、ウニやカニよりもずっとずっと大きいのだ。

体長一・五メートル（いや、確かにちょっと威張って言えるような大きさではない。イルカのなかでも小さい部類である。種名はわからなかったが）、体重………、体重は、肉もかなりなくなっていたので、あまり意味はないな。

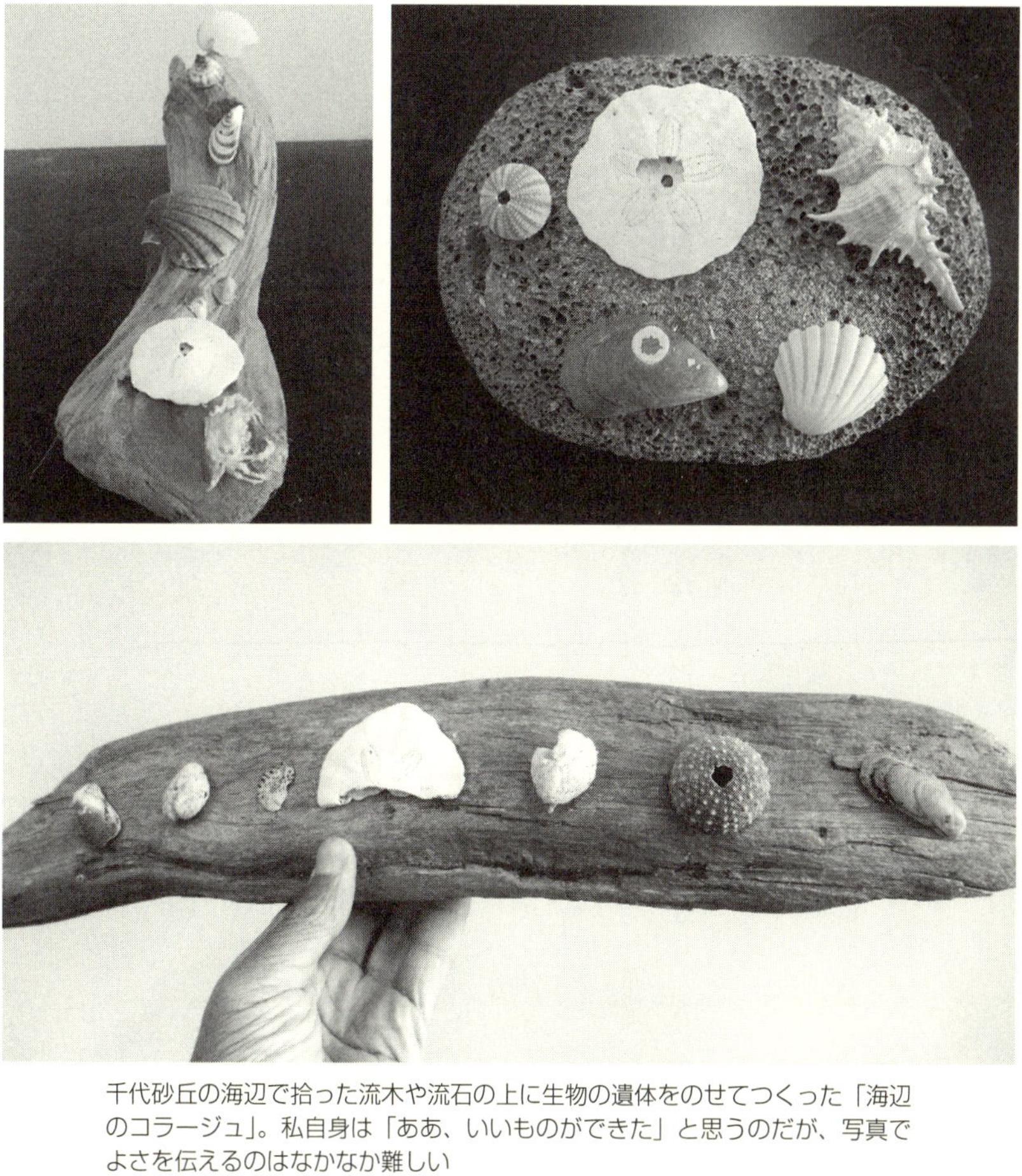

千代砂丘の海辺で拾った流木や流石の上に生物の遺体をのせてつくった「海辺のコラージュ」。私自身は「ああ、いいものができた」と思うのだが、写真でよさを伝えるのはなかなか難しい

そのイルカに出合ったのは、新しい年を迎えた二〇二三年一月二二日、日曜日の朝だった。千代砂丘は暖かく、風も穏やかで、海辺を散策するのが気持ちよかった。いつものように一時間ほど海辺を歩いて、駐車場へ連なる小道へ向かって砂の上を歩いていたときだった。

波打ち際から三〇メートルほど離れたところに、直径二〇センチほどの流木が、半分、砂に埋まった状態で横たわっており、周囲にハマゴボウが生えていた。

ところが、そのありふれた、いつも見る砂浜の小さな風景に、私の目は反応した。

**「あれっ?」**みたいな。

やっぱり私くらいの動物行動学者になると、網膜から送られてきた情報のなかの、**とても小さくても重要な何か**を、脳の無意識の領域が見逃さない。そして、ひとまず「何かある!」と意識の領域に注意を送っておくのだ。「あとは、あなたが〝何か〟をしっかり探しなさい」というわけだ。それが「あれっ?」なのだ。

私は探した。〝何か〟を見極めるために、周囲にハマゴボウが生えた砂のなかに埋まっている流木のあたりに近づいていった。

するとそこには、**やっぱり、あった！** 流木に隠れるようにして、白色で先端が折れてギザギザになった、扁平な骨のようなものが砂面上に突き出していたのだ。その姿は、控えめではあったが、でも明らかに、生き物の特徴を漂わせていた。

さて、そして、これは何か。

もちろん、私くらいの動物行動学者になると、そのごく一部の断片から動物の名前をズバッと言い当てることができる………、はずだったが、そうはいかなかった。

そうなると、私がやることは………、イヌのように〝骨のようなもの〟の周囲を掘り返すことだった。掘った。掘った。そしてわかったのだ。**〝骨のようなもの〟の正体**が。それが、**イ・ル・カ**だったのだ。

頭部と胸部あたりまでは皮膚が取れて骨がむき出しになっており、胸部から尾まではまだ肉と皮膚が残っていた。

私はとりあえずイルカの全身を掘り出して砂の上に寝かせ、しばらく見つめたが、なんだか、かわいそうな気持ちがわいてきて、波打ち際まで尾を引っ張って連れていき、やってくる波に全身を浸してやった。

海水に洗われて姿を現わしてくるイルカの姿を見ながらいろんなことに驚いた。まずは、**脳を収める頭骨のふくらみが、デカッ!**

本でイルカの脳を見たことがあったが（大脳が大きく、その表面積を広げることになるシワが、ヒトの大脳に負けず劣らず細かく入り込んで存在していた）、あれが入っているのか、なるほど！　と思ったのだ。

こんなことも思った。

クジラ類やイルカ類（両者に生物学的に本質的な違いはなく、単に大きさの違いで呼び分けられているのだ。広くは両者まとめてクジラ類と呼ばれる）が海辺に、生きたまま、あるいは死んだ状態で打ち上げられることは**ストランディング**と呼ばれ、私もストランディングが日本各地で起こっていることは知っていた。

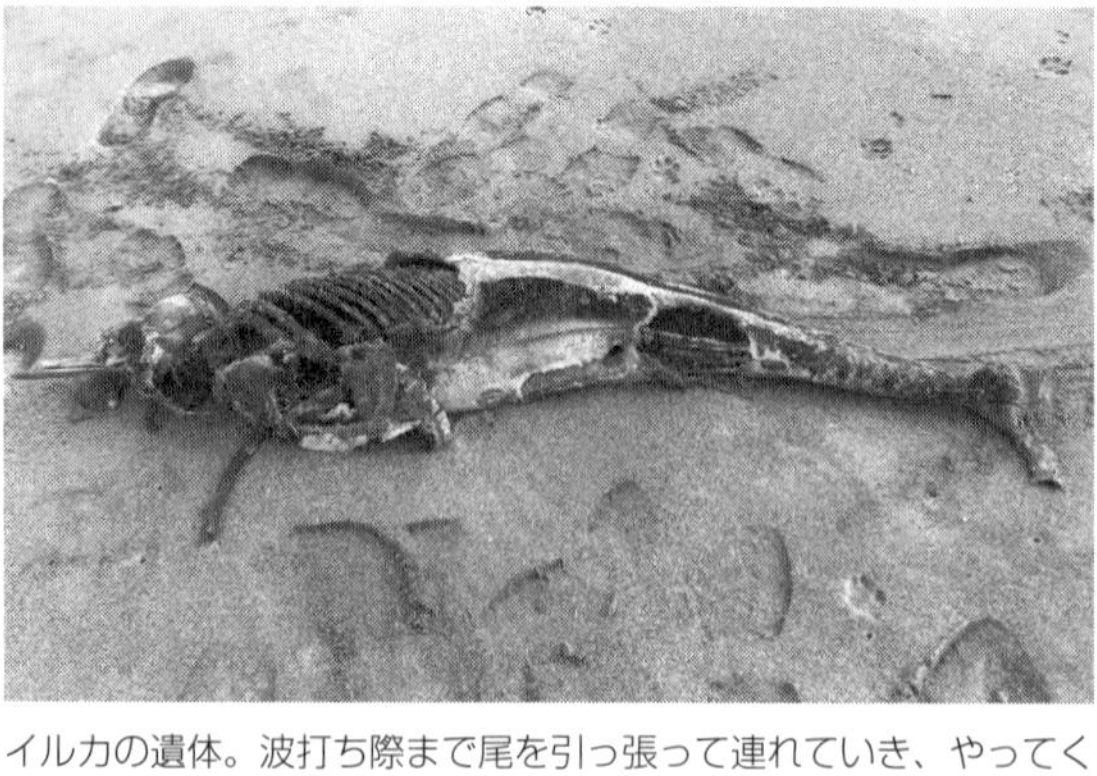

イルカの遺体。波打ち際まで尾を引っ張って連れていき、やってくる波に全身を浸してやった

でも、それが、私が探索フィールドとして自分の庭のように思っている千代砂丘で起こるとは！

体長は一・五メートルで、イルカとしては小さい部類だった。ひょっとしたら幼獣だったのかもしれない。

そこで私の頭に浮かんだのは、「これくらいなら車に乗せて**大学へ連れて帰れるのでは**」だった。

ちょうどそのころ、ゼミ生のOkくんが、動物の骨格集めに熱中していた。道路で車に轢かれた哺乳類や鳥類（フクロウやカモなども道路で轢かれることがあるのだ）を拾ってきて実験室の冷凍庫のなかにためこみ、時々、一部を出してきては、皮を剝いたり、薬品で煮たりしていた。

そのOkくんに持って帰ってやったら、**さぞ喜ぶにちがいない**、と思ったのだ。

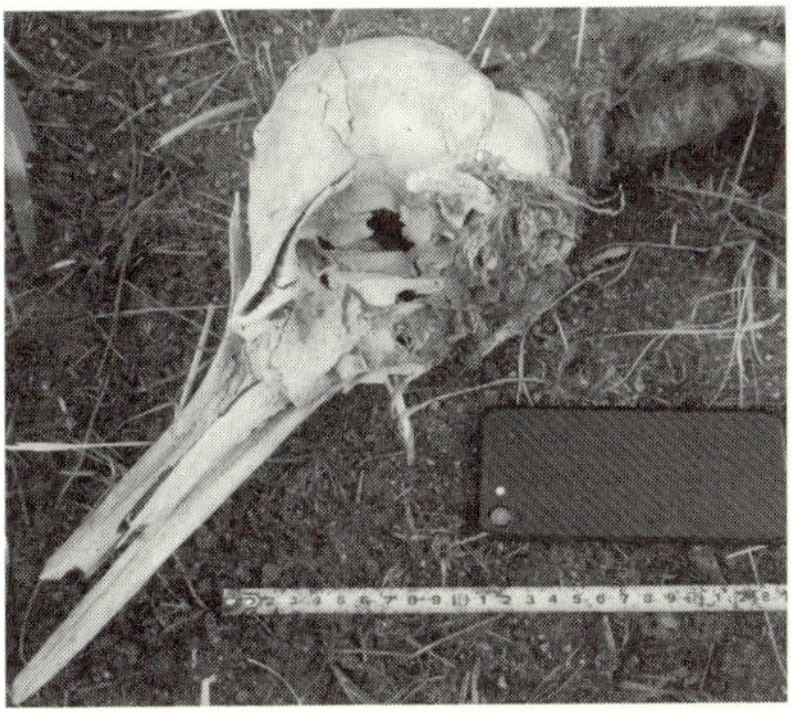

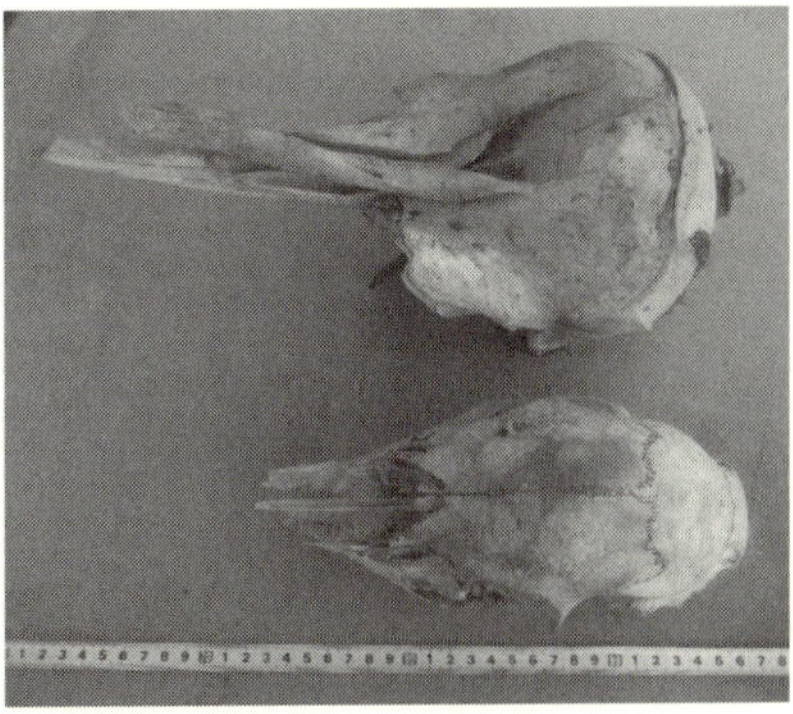

イルカの脳を収める頭骨のふくらみは非常に大きい。本でイルカの脳を見たことがあったが、あれが入っているのか、なるほど！　と思った。右の写真の下の頭骨はニホンジカのものだ（上が今回のイルカのもの）

幸い、私は車に大きなシートを積んでいたので、それでくるむようにしてイルカを車のところまで引きずるようにして運び、トランクに乗せた（後ろ座席にはみ出すようになりながらもなんとか収まった）。

ところで、読者のみなさんのなかに、ストランディングして死んでいたクジラ類を扱われたことがある方がおられたら、私がイルカを車に乗せたと聞いて、こう思われたかもしれない。

「ニオイ………**臭かったでしょう！**」

確かに、通常、ストランディングして死んでいたクジラ類はニオイが半端ないと聞く。体内（消化器官内）で、細菌によってガスが発生し爆発が起こることもあるという（ほんとうに）。

でも、私が掘り起こしたストランディング・イルカは、それほど臭くはなかった。たぶん、遺体の状況から考えて、千代砂丘に打ち上げられるまでに、ほかの海辺に打ち上げられ流され……を繰り返してきたように見えた。内臓はすでに、ほとんどなくなっていた。

自慢ではないが、私は野生児だけあって、**文化的な常識**がかなり欠けている。ストランディング・イルカを、私の研究室のすぐ外側に設置していた机の上に置いて、あとはOｋくんに任せればよい、くらいに思っていた。ちなみに、その机は、Okくんの死体の解剖のために（Okくんが死体になったという意味ではない）私が用意しておいたのだ。

ところが、ストランディングのクジラ類については、日本鯨類研究所への報告の必要があるらしく、私がツイッター（当時）にあげた、千代砂丘海辺でのストランディング・イルカのことを読まれたのか、鳥取県立博物館やその付属施設の方々から、その情報を伝えるメールがいくつか届いた。

なんでも、「学術目的所持の届出書」といったものがあるらしく、それを提出しなければならないことが書かれてあった。

これはなにやら面倒だなーと思ったところ、「当館（博物館）で保存しましょうか」との文章もメールのなかに発見し、〝どうぞ、どうぞ〟と書いて返信した。

結局、博物館の方から「保管はそちらでしていただいて、情報を教えていただければ届出書はこちらでつくって送ります」という、**とてもやさしいメール**が届き、まー、そういうことになったのだ。

ただし、のちにDNA分析をする可能性があるので筋肉片の採取と保存（アルコール保存と冷凍保存）を依頼され、そういう簡単なことなら野生児でもできるので承諾した（その組織標本は、今でも私の実験室に保存されている）。

ちなみに、イルカ本体の保管は、職にある研究者か、研究室に制限されていたので研究室での保存にした。つまり、いずれにしても**Okくんに、イルカをあげることはできなかった**のだ。それと、ストランディング・イルカのことをツイッターにあげたことは先ほどお話ししたが、パトロールして記事をチェックしているＡＩには、おそらく、イルカの遺体が、人体にでも見えたのだろう。「センシティブな内容が含まれている可能性があるため、このツイートに警告を表示しています」というメッセージがつけられてしまった。見る側の人には写真は表示されなくなっているのだろう。

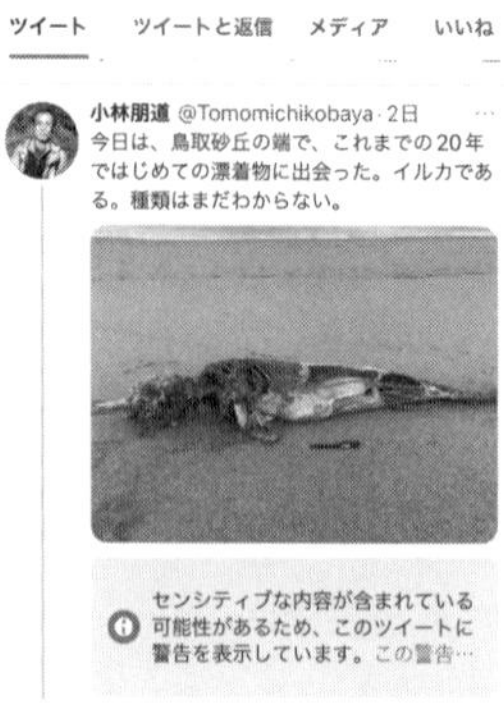


ストランディング・イルカのことをツイッターにあげた際、パトロールして記事をチェックしているAIにはこのイルカの遺体が人体にでも見えたのか、警告メッセージがつけられてしまった

警告への異議申し立てのスペースもつくられていたので、**これはイルカです**、といった内容を何度か書いたがＡＩには納得してもらえなかったようだ。

さて、いくら小さなイルカだとはいえ、大学構内（私の研究室のすぐ外の机の上）にクジラ類がいるのだ。情報が口伝てに広がったのだろう。イルカの遺体の前には、ひっきりなしに学生がやってきた（ホエールウォッチングならぬイルカ遺体ウォッチングだ）。興味をもつ学生がたくさんいることはよいことだ。好奇心は、学びの大きな原動力だ。私は、研究室のなかから、そういった学生たちを眺めてうれしい気持ちになった。**連れて帰ってよかった**と思った。

私が外へ出ていって説明でもしてあげればよかったのかもしれないが、私もけっしてクジラ類に関して詳しいわけではなく（あたかも、クジラ類の専門家のように語ったりふるまったりすることはすぐできたが）、まー、ここは学生たちが**それぞれの感性**で対面し、それぞれ何かを得てくれればいいと思ったわけだ。

ところで、一度、学生たちが誰もいないとき、**キャンパス・ヤギであるアズキ**が見学に来たことがあった。

ちなみに、「キャンパス・ヤギ」なるものが何者かご存じない方のために一言説明しておこう。

大学で生まれたアズキは、子どもだったころ、姉妹のキナコと連れ立って、放牧場の柵の隙間をするりと抜けて外に出ていた。体が小さいので苦もなく柵抜けができたのだ。柵の外での事故（たとえば道路に出て車と衝突……など）を心配している事務局の人は、どのヤギであっても、〝脱走〟の情報が入ると私に警告を発していた。二匹の子ヤギのときも警告は発されたが、**何とも防ぎようがない**。広ーーい敷地の柵のすべての隙間を「柵抜け不可能」にすることなど、それこそ不可能だからだ。だから、

大学構内にクジラ類がいるということで、イルカの遺体の前にはひっきりなしに学生がやってきた。好奇心は、学びにとっての大きな原動力だ

こう言って対応していた。「すぐ体が、ほかのヤギと同じくらい大きくなって柵抜けできなくなりますから」

**ところがだ**。アズキは、いくら成長しても、柵抜けを続けたのだ（キナコは、あるときから柵抜けをやらなくなった。アズキは角が生えなかったのに対し、キナコは生えてきたため、さすがに角が引っかかるようになったのではないかと私は推察している）。おそらくアズキには「私はすり抜けられる！」という当たり前の思いがあったのではないかと思う。一番断面積が広い腹部が柵の隙間を通るときは、その腹は、魔術のように薄くなった。**信念とはすごい**、と私は感じ入ったものだ。

でも、事務局に対しては「信念とはすごい」んです、ではすまされない。考えた。キナコのようにアズキの頭に角をつけるという案も含め、いろいろと考えた。そして魔術のように浮かんできたアイデアが「外に出て柵の周辺の除草をするヤギがいることを、一つの公式の**正常なヤギ管理システム**にしてしまえ」という案である。そして、その「外に出て柵の周辺の除草をするヤギ」を「キャンパス・ヤギ」と命名したわけである。幸い、ヤギは単独で群れから離れることを嫌がる草食動物なので、外へ出たアズキがキャンパス内の道路まで遠征することはなかった。たいてい、私の研究室と柵の間の空間を草を食べながら移動し、適当なころに自分から柵内に入っていった。

時々、学生が私のところや事務局に「ヤギが脱走しています」と報告に来たが、学生にも事務局にも「キャンパス・ヤギ」のシステムを説明して、**なんとか、問題をすり抜けた**。

そんなキャンパス・ヤギであるアズキが、イルカの遺体を調べに来たのも無理からぬことだろう。遺体が置いてあった場所（机の上）は、アズキが、しばしば巡回して草を食べる、いわばアズキの縄張りのなかだったため、「変なニオイがする変なものが現われたぞ」とばかりに、チェックするのはありうる話だ。

研究室で椅子に座って仕事をしていた私の前で（窓のすぐ外に机とイルカ遺体はあった）、首を伸ばして**数十秒、ニオイを嗅いでいた**（のが、ブラインドの合間から見て取れた）。やがて興味を失ったのか、その場から立ち去っていった。

一方、そんなイルカとヤギの接触を見ていると、私くらいの動物行動学者になると「君たちは、進化的に、近い親戚になるのだよ」という言葉が浮かんできた。そう、分類学的に近い関係なのだ。どれくらい近いかというと、**ヤギはウマやサイより、イルカに近いのだ**。

つまり、こういうことだ。

DNA分析も取り入れた最新の生物の分類（地球上の数千万種以上の生物種それぞれが、**どのように枝分かれをしながら進化し現在にいたっているか**を研究すると、比較的最近分かれた種同士は、ずっと昔に分かれた種たちより互いに近い関係にあり、そういった互いに近い関係にある種をひとくくりにして一つのグループの名前をつくる。たとえば、ヒトは霊長類というグループに属す。そういった作業が分類の作業の本質である）によれば、ヤギやカバやウシやクジラ類（イルカも含む）は鯨偶蹄類《くじらぐうてい》（正確には鯨偶蹄目）というグループに属し、ウマとサイは奇蹄類《きてい》（正確には奇蹄目）に属するという分類をしたほうが、進化の筋道に合っているということになったのだ。つまり、まず鯨偶蹄類の祖先と奇蹄類の祖先が分かれ、そのあと、前者ではヤギやカバやウシやクジラ類に分かれていき、後者では、ウマやサイに分かれていった、というわけだ。

アズキがイルカ（の遺体）を見にやってきたということは、陸と海に分かれた親戚関係の個体が、長い長い時間の経過後、私の研究室の前で、**たぶん、歴史上初めて出合った**という可能性が十分あるではないか（まー、世界は広い。過去にそんなことがなかったとは断言できないが）。感動的ではないか。

ヤギと、イルカの棲む海とは、次のような形で結びつくこともある。それは海という舞台での自然な結びつきではなく、ヒトが関与したものだ。でも、結構、素敵な結びつきだ。

『数をかぞえるクマ　サーフィンするヤギ』（NHK出版、二〇一七）のなかには、そのタイトルどおり、**サーフィンをするヤギ**の話が紹介されている。カリフォルニア在住のサーファー、ダナ・マグレガー氏は、自分に慣れ親しんでついてくる子ヤギを幅が広めのサーフボードに乗せて一緒にサーフィンをしてみた。子ヤギは、すぐにコツを覚えて上達し、やがて、一人（一ヤギ）でボードに乗るまでになったという。

いくらヤギが、分類学的にイルカと近い動物種だからといって、もちろんヤギの生息する場所は海から遠く離れた陸地だ。そのヤギが、なぜ、前後左右へのすぐれたバランス感覚を必要とするサーフィンが得意なのか。それは、家畜として世界中に広がっているさまざまな品種のヤギたちが今でも引き継いでいる原種のヤギの次のような特性が関係していると考えられる。

本来ヤギは、**切り立った崖や岩だらけの山**に適応して進化してきた動物種であり、彼らの生活にとって、バランス感覚は、特に必要な能力だったのだ。蹄《ひづめ》の状態や四肢の構造も、私くらいの動物行動学者になると、それらが、岩だらけの斜面での移動に適していることがすぐわかる。

横道が長くなった。

さて、学生たちの（そして一匹だけだったが、ヤギの）イルカ見学が一段落したあと、私には、取りかからなければならない作業が待っていた。イルカの体についている肉部をきれいに取り去って骨格の標本をつくることだ。

問題は、**どうやって？** ということだ。なにせ、大きいのだ。薬品を入れた大鍋でぐつぐつ煮て、というわけにはいかないのだ。

ここでまた私の発想力が試される。

いろいろ考えたすえ、私は、**よし、これならいけるぞ**、と思える方法を思いついた。

驚くべき昆虫、と私が常々敬意を払っている（でもコウモリの餌にしている）ミールワーム（ゴミムシダマシの幼虫）に、遺体の肉部を食べさせる、という方法だ。

ミールワームは、まずは、コウモリの餌として、栄養面から管理面までじつにありがたい昆虫である。餌として栄養素をバランスよく有し（ただし、私は、ミールワームと一緒に子イヌ用の粉ミルクもコウモリに与えているが）、乾燥にも低温にも強い。だから買いだめして冷蔵庫に入れておくだけで、餌の心配はいらないのだ。

加えて、ミールワームは、なんと、**プラスチックも食べる**という信じがたい性質ももつ。その性質をはじめて見つけたのはゼミの学生たちだった。市販のミールワームを、容器の中身ごと、三重にしたプラスチック袋（ポリ袋）に入れて管理していたのだが、あるとき袋に、どう見ても、ミールワームが食べたとしか思えない穴がいくつも開いていたのだ。もしほんとうにミールワームがプラスチックを食べたのなら、ゴミとして厄介な問題を引き起こしているプラスチックを食べてくれ、かつ、ミールワームを昆虫食のメニューにすれば、**一石二鳥になる**ことになる。学生から、ミールワームの仕業にちがいないと思われるプラスチック袋にたくさん開いた結構大きな穴を見せてもらったとき、そう思ったのだ。

**ところがだ**。さすがに冷静なゼミ生は、グーグルで検索し、その事実が、数年前に、海外の研究者によって発見されていたことを探り当てていた。その研究者は、プラスチックを食べたミールワームの消化管内も調べ、①プラスチックの分解はミールワームの腸内に生息する細菌によるものであること、②ミールワームの（消化管の内部以外の）体からは、プラスチックの成分は検出されなかった（つまり、プラスチックは無機物まで分解されてミールワームに取り込まれている）ことの、かなり確かな証拠をつかんでいた。ちなみに、その研究を紹介した記事には「この発見は、環境分野での、この一〇年における最大の発見だろう」と記されていた。動物行動学ではないが、環境問題に携わる人間として、正直なところ「もう少し早く発見していたらよかったなー」と感じる私であった。でも、いずれにしろ、**ミールワームおそるべし、**だ。

そんなミールワームのことだ。大きめのプラスチックの容器にイルカの遺体を入れ、大量にミールワームを入れておけば、彼らが遺体の肉をきれいに食べてくれるのではないか、と考えたのだ。容器は、かつて何人かの学生たちがスナガニやアカハライモリの研究で使用した、一・二メートル×二・二メートル×高さ〇・五メートルのものが実験室に置いてあった。うってつけだ。

私は、実験室にイルカを運んで容器のなかに入れ、買いためて冷蔵庫に保存しておいたパック入りのミールワームたちを（パックは一〇個近くあった）、パックの中身ごと、イルカの遺体にふりかけた。外は二月の冷気に包まれていたが、実験室内は二〇℃近い暖かさで、冷蔵庫でじっとしていたミールワームたちも、がぜん活動を再開した。**「よし、食べるぞ」**みたいな感じだ。

しかしだ。人生と同じで、**私の計画はそううまくは進まなかった**。なんと、冬の寒空の下では静かにしていたイルカのニオイが、ミールワームと同じで、実験室内の暖気で、がぜん活動を再開したのだ。つまり、**腐臭が実験室内に立ちこめはじめた**のだ。

「あー、これが、ストランディングのクジラ類のニオイの実力か、」などと思い対策を考えはじめた。でもこればかりはなんとも対策のアイデアは浮かばず、このままだと実験室にニオイが染みつき、今後のほかの動物についての実験に支障が出る可能性が大きいし、やがて（そんなに遠くではない未来）私が大学を去り、後任の教員がここを使おうとしたとき、ニオイに困惑するようなことがあるかもしれない、と考え、**場所変更、やむなし**、との結論にいたったのだ。そして、イルカ遺体は、容器に入れられたまま、実験室から寒い

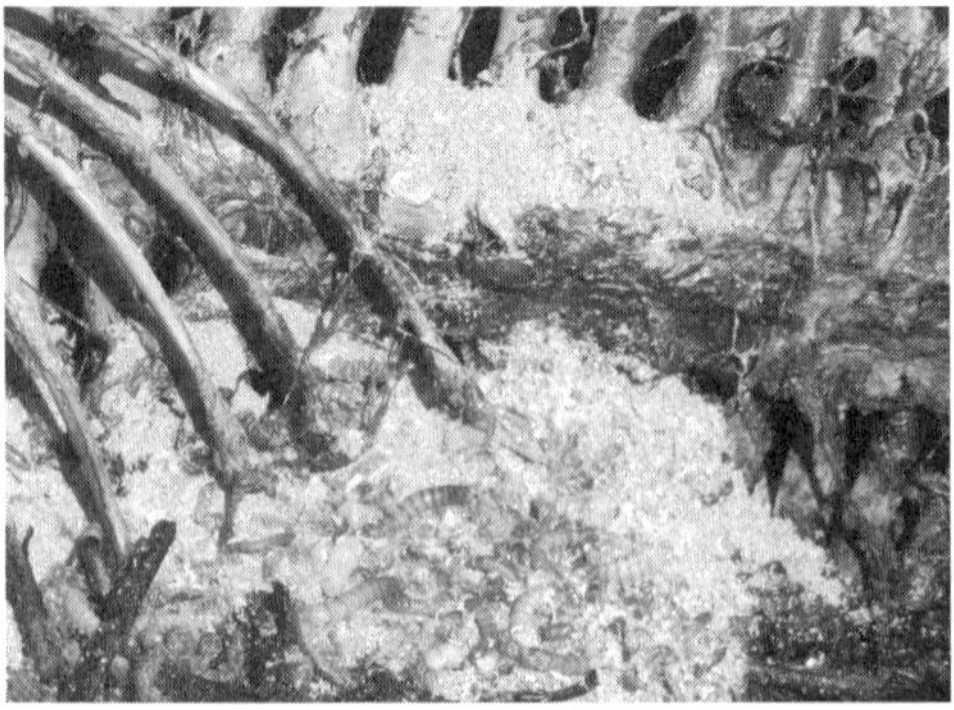

イルカの骨格標本をつくるため、ミールワームに遺体の肉部を食べさせることにしたが………

外へとあともどりしていった。何か妙案を私が思いつくまで……。

数日後には、雨を防ぐために、ホームセンターで購入したアクリル（透明）の板を容器の上に置いて、蓋をした。

さて、そして、次に**イルカの遺体に何が起きたか**、読者のみなさん、想像できるだろうか。世の中、何が起きるかわからないものだ。

二月の寒空の下、ある日、容器のなかのイルカ遺体を眺めていると、なにやら、ミールワームより少し小さめの白っぽい幼虫らしきものが、遺体の骨の間を這っているではないか。そして、その数は日に日に増えていき、**見る間に、遺体の骨の間や、肉部のまわりで数を増し**……。

いったい、これは何者か？

もちろん、私くらいの動物行動学者になると、「何者」の正体は、最初の数匹を見ただけですぐわかった。それは明らかに、ハエの幼虫だ（ハエの種類まではわからないが）。

私は、その幼虫たちの、波のような、渦巻きのような、ものすごい数の集団に驚くとともに、よくもまー、こんな寒い季節に産卵するハエがいるものだ、と大変感心したのだった。それも、おそらく彼らは、私がアクリル板で容器に蓋をするまでの三日ほどの間のどこかでそれをやったのだ。

そして、「なにやらわからないが、とにかく、この幼虫たちがイルカ遺体の付着肉を食べてくれる！」と、そのハプニングを喜んだ。

しかし——だ。そのハプニングは、再び私の思惑とは違った方向へと展開、というか、展閉というか、とにかく、**残念な結果**へと進んでいったのだ。

膨大な数のハエの幼虫たちが動かなくなり、明らかに死んでいくではないか。あたりは死んだ幼虫たちの海のようになり、イルカの遺体の肉は半分以上がその

ある日、容器のなかのイルカ遺体を眺めていると、大量のハエの幼虫が遺体の骨の間を這っていた

まま残ってしまった。私の推察は、幼虫たちが排出物として周囲に放出する尿中のアンモニアが環境を悪化させ、それが幼虫たちの死につながったのではないか、というものだった。真偽はわからないが。

さて、では次はどうするか。

どうするもこうするもない。そもそも、ハエの幼虫だって、私の計画で起こったことではない。まー強いて言えば、計画と言えなくもないものがあったと言えば、あったと言えなくもない。**「自然に任せる」という私の深い信念が。**もちろん、言い訳だ。

私は、幼虫の死体から出てきた液体をそのままにしておくのは、いかにも私自身が遺体に礼を尽くしていないと学生たちから思われるような気がして（〝自然を大切にする小林〟というイメージを崩してはならないと思って）、**とにかく、机の上から遺体入りの容器を地面に移動し**（結構苦労した）、遺体を直接地面に寝かせた。そして、ときどき近くで姿を見かけることがあったキツネやカラス（や肉食ではないので気にしなくてもいいが、キャンパス・ヤギ）から守るために、容器を裏を上面にして遺体にかぶせるように置き、あとは〝自然に任せ〟たのだ。

さて、この、何かが起こるかもしれない私の思い切った行動によって、実際にイルカの遺体に何が起きたか、読者のみなさん、想像できるだろうか。

私は、時々、容器を持ち上げて、ちょっとワクワクしながら、なかの遺体の様子を眺めていたのだが、やはり私くらいの動物行動学者の行動は、目的に近づく、**ちょっとした自然現象**を起こしていた。

最初は数匹のダンゴムシが遺体にたかりはじめ（寒いだろうに）、やがて、その数が増えワラジムシも姿を現わしはじめたのだ。

**すばらしい**。彼らこそ、典型的な地面の主、

遺体を地面に置いて容器をかぶせ、自然に任せる。最初は数匹のダンゴムシが遺体にたかりはじめ、やがて、ワラジムシも姿を現わしはじめた

動植物の遺体の消費者だ。私は大変満足して、また容器をかぶせ、仕事へともどっていったのだ。

サブタイトルの「ミールワーム↓ハエの幼虫↓ダンゴムシ・ワラジムシ？」……意味がわかっていただけただろう。

最後にもう一度イルカ（の遺体）の全身をお見せして、本章を終わりにしよう（次ページ）。

# モモンガグッズをめぐる、おもにヒトの話

## Tkさんのことと、ゼミ生Ftさんの油絵バージョン

みなさんは**「モモンガグッズ」**と聞いて何を思われるだろうか？

まー、多くの方は「何、それ？」だろう。

でもなかには、「知っているよ」と言われる方もおられるかもしれないし、さらにそのなかには「購入したよ」と言ってくださる方もおられるかもしれない。

突然で恐縮だが、私は、公立鳥取環境大学が私立大学として開学した二〇〇一年、学生たちに呼びかけてヤギ部をつくった（詳しく言うと話はちょっと複雑であり、確かに呼びかけはしたがほんとうに学生たちが、間髪入れずに、私を顧問に祭り上げてヤギ部を立ち上げるとは思っていなかったことだけは確かだ）。

ヤギ部は二〇二四年現在まで続いてきているが、その間、個性豊かなヤギたちと、**それに勝るとも劣らない個性豊かな部員たち**に接してきた。部員たちは、通常は四年間で大学を卒業していくが、私は卒業しない。ヤギたちも卒業しない（そういえば、初代の伝説的な大きな雌ヤギ「ヤギコ」は、一度か二度、卒業アルバムに並ぶ卒業生たち一人ひとりの顔写真の最後に載って、写真の下に各自が書くコメントには、「卒業できませんでした」と書かれていた。まあ、講義を受けていたところを一度も見たことがないし、そりゃあ、無理だろう）。

二四年間というと、**それはそれで結構な年月だ**。ただ名前が続くだけではない。ヤギたちが健康に生きつづけ、ヤギたちと部員たちが地域のイベントに呼ばれたり、大学周辺の幼稚園や小学校の子どもたちがヤギの見学に来たり……などの取り組みを行ないながら続けてきたのだ。

もちろん、ずーーっと（卒業することもなく）ヤギたちを見つづけてきた私は、部員たちの誰も知らないだろう、それなりに難しいサポートをいろいろやってきた。万が一、この本を読んでいるヤギ部卒業生がいたとしたら、**君ら**

一度か二度、卒業アルバムに載ったヤギコ。講義を受けなかったために、卒業できなかったらしい

**部員たちも頑張っただろうし、私も頑張った**、ということだ。
いずれにしろ、「続ける」ということは、大きな意味を持つのではないだろうか。

そういう意味でほかにも、よく続けてきたことがいくつかある。

二〇一一年から続けている**「芦津モモンガプロジェクト」もその一つだ**。

鳥取県東部の智頭町芦津の森に棲む希少なリス科哺乳類であるニホンモモンガの生息地保全を地域活性化と結びつけて行なう（このやり方は、ヒトという動物の特性を動物行動学の視点から考慮したうえでの仕組みなのだ）取り組みを、細々ながらもずっと続けてきた。

その芦津モモンガプロジェクトの一環が、本章の冒頭でお尋ねした「モモンガグッズ」なのだ。

そして、プロジェクトのはじまりのときから、一貫して、モモンガグッズの作成を続けてきてくださった方の一人が、芦津在住のＴｋさんだ。

Ｔｋさんは私と同じくらいの年齢で、大工さんをやっておられ、スギの木を中心としたグッズの原型をつくってくださる。私が繰り出す無理な注文にも「むーー、できるかなー」とかなんとか言われるが、**結局、しっかりと応えてくださる**。

二〇一一年から、ずーーっとだ。

ちなみに、私は、他人には、**自分のプライベートなことは話さない**タイプの人間だ。なぜそうなのか？　と聞かれたら困るのだが、まー、私にとってそれが自然というか、無理がないというか……（本のネタに、たとえば家族のことを書くこともあるが、基本、話さないし、書かない）。

だから、というわけではないが、他人に対しても、相手が喜ぶだろうと思うとき以外には、プライベートなことは聞かない。

だからTｋさんについても、プライベートなことは知らない。本人を見てわかることしかほとんど知らない。

**本人を見てわかることは、**「笑顔が、はにかみ屋の少年のように素直で人の気持ちをほっこりさせる。しゃべる内容もそうだ」「大工道具を手にして木に向かうと顔が真剣になる（まー、そうだろうなー。そうならないと怪我をするかもしれないし）」「シベリアンハスキーを飼われていて、そのイヌを、オシャレなトラックに乗せて山へよく行く（私がモモンガを求めて調査地を移動しているときに出合うことがある）、イヌが好きらしい」……。

Ｔｋさんについてはまた後ほど。

モモンガプロジェクトでは、ニホンモモンガにとって好ましい生息地とはどんな生息地かを、研究によって調べる。いろんな種類の研究によって。

芦津は先進的な林業（おもにスギ）が試みられている集落である。そしてその集落の森で、これからもニホンモモンガが生息しつづけるためには、森を管理していくとき、**ニホンモモンガの生息に必要なポイント**を維持するように注意してもらわなければならない。

具体的に一つ言えば、………。

**ニホンモモンガは、スギが大好きだ。**スギの葉を、主食と言ってもいいくらいよく食べるし、

芦津モモンガプロジェクトの一環であるモモンガグッズづくりの大ベテランTkさんと、愛犬のシベリアンハスキー。（Tkさんの）はにかみ屋の少年のような笑顔が素敵だ

スギの木にできやすい樹洞（枝が折れた場所から水がしみ込んで、なかに穴が開いていくのだ）をよくねぐらにし、その巣穴のなかにスギの樹皮を裂いて繊維状にしたものをためこみ、巣材にする（少なくとも中国地方では、ニホンモモンガはほぼ例外なく巣材にスギの樹皮を使っている。私の実験によれば、スギの樹皮繊維は、断熱性と耐水性にとてもすぐれている）。

**ただしだ。**ほとんどの草食動物がそうであるように、たいていの野生の植物が自分の身を守るためにもっている毒性物質から身を守るために、**同じ種類の植物ばかりを食べるわけにはいかない**。主食以外に何種類かの別な植物も食べる必要がある。したがってニホンモモンガの場合、スギの林のなかあるいは近くに、面積は小さくてもよいのでミズナラやブナやイヌシデなどの自然樹のパッチがあってほしいわけだ。

そうすると、スギ林を管理される地元の方に、たいていはスギ林のどこかに散在している自然樹パッチを、**ニホンモモンガのために残していただきたい**、とお願いする必要があるのだ。

そこで、そうすることによってどんな利益が生まれるのかが重要になる。

そう、モモンガグッズは、それが売れれば、集落にもお金が入り、集落のスギはモモンガと結びついた、ちょっと記憶に残るスギになる可能性もある。つまり利益だ。

ニホンモモンガが見えたり、たとえ見えなくても巣箱がつけてあれば、**モモンガの存在が感**

**じられるモモンガエコツアー**もできたりするではないか（実際に実施した）。モモンガを題材にした楽しいことも起こるかもしれないではないか（実際、公民館の横に建てられたお風呂が「ももんがの湯」と名づけられたり、地元の方が〝モモンガ焼き〟をつくられ敬老会のお土産になったりもした）。

まー、そういったことを考えてはじめたプロジェクトだったのだ。

最初は学生たちにモモンガグッズにはどういうものがあればいいか考えてもらい、地元の方々と会合をもった。

そして、素材はＴｋさんたちにつくってもらい、物によっては私が（私も図画工作は結構好きなのだ）つけ足しをし、そしてなにより次ページのようなロゴの焼印をつくり（私が図柄を書いて印にした）、スギ素材のモモンガグッズにはほぼもれなく押していった。ちなみにこの作業には熟練が必要で、人知れず、スギの板で練習をしていた私は、**この作業は他人には任せなかった**。すべて、わ・た・し、が押したのだ……。

そうやって月日は流れ、二〇種類近くあったモモンガグッズの販売は、一時期の大繁盛を経て、一カ月に数個くらいのペースで根強く続いてきた。

ところで、スギでモモンガグッズをつくるときには、乗り越えなければならない、**ある問題**があった。

それは、「スギに限らず、厚みのある木材は、乾燥までに時間がかかり、乾燥しきるまでにたいてい、ひびが入る」ということである。この問題への対処としては大きく二つの方法がある。一つは、比較的低温で、ゆっくりゆっくり乾燥させ、水分を抜いていく方法だ。そしてもう一つは、ひびが入りそうなところに、あらかじめ、ひびを逃がすように、人工的な**（あたかもデザインとして計画したかのような）**切り込みを入れておくことだ。その切れ込みによって、（木部の場所による収縮率の差で起こる）ひびが解消されるのだ。

私もＴｋさんに教えてもらいながら、材のもついろ

ロゴの焼印をつくり（私が図柄を書いて印にした）、スギ素材のモモンガグッズにはほぼもれなく押していった。右の「モモンガ曲げわっぱ小物入れ」は智頭町のHnさんの作である

いろな性質を理解していった。「ひび」は一例だが、木を専門に扱う人が「材は生きている」と言われるのもわかる。一生が勉強なのだろうなと思う。

モモンガグッズをめぐるＴｋさんとのやり取りで忘れられない出来事（たーーくさんある）の一つに、**「モモンガ型コースター」事件**がある。

グッズは、買ってもらうときの戦略として、シンプルで低価格のものと、ちょっと手間がかかっていて高価格のもの（そして中間もの）を用意しておくのが、まー、よい気がした。

そしてそのシンプルなものとしてつくったのが、次ページの写真左のモモンガコースターである。切れ込みは、さきほどお話しした理由で入れているが、スギの年輪が、自然の美を円形の層のなかに取り込み、木の丸い形がそのままにされて静かで洗練された裏方となり、美を浮き上がらせ、そして、それらを背景に、モモンガ焼印が心をつかむべくとどめを刺しているのだ。

一方、あるとき、Ｔｋさんは、モモンガコースターを見ながら何かを思われたのだろう。木の形を、滑空するモモンガのような形にして、**モモンガ型コースター**を提案されたのだ。

正直に言うと、私は、これはデザインとして駄目だろう、と即座に思った。これも正直に言うが「ダサい」と思ったのだ（Ｔｋさんには誠に失礼だが）。そう思ったけれどそれを採用しないわけにはいかなかった。まー、メニューにのせるだけになるかもしれないが、それはそれでいいだろう、みたいな思いでモモンガグッズのメニューに入れたのだ。

**ところが、である**。まー、（モモンガコースターと同じくらい）安いということもあったのだろうが、全部のモモンガグッズのなかで**一番売れた**のは、（そして今も一番売れているのは）このモモンガ型コースターなのだ。

一度、Ｔｋさんにそのことを話したことがあったが、Ｔｋさんは「あっ、そう」………それでおしまいだった。

**そんなことは気にされない人なのだ**。

モモンガコースター。左がシンプル型（厚めなので、ひびを逃がす切れ込みをあらかじめ入れている）。右が、Tkさんがデザインしたモモンガ型コースター

Ｔｋさんの家の近くにあるＴｋさん所有のスギ林で出合ったニホンモモンガも、ユニークなモモンガだった。そのスギ林は、Ｔｋさんが、木くずや鉋くず、木切れなどを捨てる場所にもなっており、結構広い谷川に沿っていた。

私がおもな調査地としている場所は、集落から三〇〇〜五〇〇メートル上がった、標高七〇〇〜九〇〇メートルのスギ林である。つまり集落は、標高四〇〇メートルくらいのところにあるということだ。**四〇〇メートルのところにもニホンモモンガはいるのだろうか**、と思って、Ｔｋさんに許可を得て巣箱を、例によって、地上六メート

Tkさんが木切れなどを捨てる場所にもなっているTkさん所有のスギ林。私はここでユニークなニホンモモンガに出合ったのだ

ル付近の幹に取りつけてみたのだ。

最初の一年は入らず、やっぱり標高が低すぎるのかなと思っていたら、翌年、同時に二つの巣箱に、それぞれ一匹ずつ入っていた。

〝Ｔｋさんスギ林〟の巣箱でニホンモモンガを見たときは、**「おっ、いた！」**という感じだった。標高四〇〇メートルの、人家に比較的近いスギ林にいたのだから。

まず思ったのは、どちらのモモンガも、〝Ｔｋさんスギ林〟のモモンガだけあって、**巣材のスギの樹皮繊維がじつになめらかで**、量も多かった。絵本だったら、さしずめ、Ｔｋさんに仕込まれた秘話が明かされるのだろうか。

それともう一つ、一匹のモモンガは、「おまえ、Ｔｋさんに仕込まれたか」と聞いてやりたいような思いにさせる行為を行なっていた。

巣箱の出入り口をかじって、改造していたのだ。マニアが、バイクや車を改造するみたいなものだろうか。彼（雄だった）は、体が大きかったので、もともとの出入り口が小さすぎたのだろうか。

穴の、特に下側をかじって出入り口を大きくしていたのだ。ここまでの改造を加えたニホンモモンガは、それまで見てきた何百匹のモモンガには一匹もいなかった。ちなみに、ヒメネズミにとっては元の穴でも大きすぎるので、けっしてこんなことはしない。ムササビなら、もう巣箱が壊れるくらいの大きな穴を開ける（そういう穴を実際に見てきた）。でもなかに入っても体が収まりきらないから、結局巣箱を使うことはなかった。

まず、確実に、**〝Tkさんスギ林〟のモモンガの大工仕事**にちがいない。

別の日に出合った〝Tkさんスギ林〟モ

"Tkさんスギ林"のあるニホンモモンガは、巣箱の出入り口をかじって改造していた。Tkさんに仕込まれた個体だったにちがいない

モンガも、これまで、**ほかのモモンガではちょっと見たことがない**ようなきわめて貴重な行動を見せてくれた。

巣箱によるモモンガの調査では、まずは、巣箱にモモンガが入っているかどうかを確認するところからはじまる。

スギの幹にかけたハシゴで巣箱のところまで上り、出入り口の穴に、ねじって圧縮した手袋で栓をし、巣箱の正面下にあるパカッと広げられる蓋をゆっくり開けて手を差し込んで、モモンガがいるか（あるいは場合によってはヒメネズミがいるか、ヤマネがいるか、シジュウカラがいるか……）を探る。

**ニホンモモンガがいた場合**、まず彼らがスギの樹皮を持ち込んで加工した柔らかな巣材があり、モモンガは、警戒して巣箱の奥でじっとしているので（こういったときのニホンモモンガの防御行動は九分九厘、こうなのだ）、私の手がそのモモンガの体にふれることになる。そしてモモンガの存在を確信する。そうなると、蓋を閉じ、巣箱ごと、なかのモモンガを地面に持って下り、網のなかに入れ、モモンガに巣箱から出てきてもらい、体内のマイクロチップの有無や番号の確認、遺伝子解析のための体毛の採取（数本でこと足りる）などを行なう。

**ところがだ、**「別の日に出合った〝Tkさんスギ林〟モモンガ」は、巣箱の点検の最初の段階で、巣箱の正面下にある蓋をゆっくり開けて手を差し込んでいったとき、なんと、自ら勢いよく飛び出してきて、巣箱から滑空したのだ。

そういった行動自体とてもめずらしいのに、さらに驚いたのは、そのモモンガが、着地点のあてもなく飛び出し、思いもしなかった場所に着地したことだった。

たいてい、モモンガは、〝飛ぶ〟ときは、着地先を決めて飛ぶものだ。私の巣箱のチェック中に巣箱から飛び出したモモンガは二個体いた（一〇〇例中二例だ）。二個体とも飛び出して近くの木に着地した。

「別の日に出合った〝Tkさんスギ林〟モモンガ」が着地地点を決めずに飛んだと私が推察するのは、その個体が、滑空して高度を下げていき、結局は、谷川の水上へ降りた（着水した）からだ。

さてこのあとモモンガはどうなるのか、私が谷川に入る気構えで見守っていたら、**なんと（上手とは言えないが）泳いだのだ。**まー、強いて言えば犬かきのような泳ぎ方だ。幸いにも岸辺に比較的近い場所で流れも速くはなかったので、思いどおりの方向へ泳げたのだろう。その方向の先には、洪水のときにでも上流から流れてきたのか、岩に引っかかったスギの丸太があり、モモンガはそこまで泳ぎ着くと、器用に体を回転させて、その丸太に上陸したのだ。丸太は長期にわたって水中にあったためか樹皮が剥かれた状態になっていた。そのあとはもう、心配ない。丸太を伝って移動し、生きて立っているスギの木に飛び移り、木の上に登っていった。

私はモモンガが泳ぐのを見たのははじめてだった。

そして、樹皮が剥かれたスギの丸太に引きつけられ、その丸太に助けられるところなど、**さすが「〝Tkさんスギ林〟のモモンガ」だなあ**と感慨深く思ったのだ。

さて、ここからは、サブタイトルの後半「ゼミ生Ｆｔさんの油絵バージョン」の話をしよう。

ある日のこと、(このセリフでの出だしが多いが、仕方ないのだ。〝ある日のこと〟なのだ。よく覚えていないのだ)、教育研究棟の二階の廊下を歩いていると、後ろから学生に呼び止められたような気がした。学生のＦｔさんが人間環境実習で、確か、各自が選んだ学内の場所をスケッチする作業をしていたとき、**廊下を歩いている私を見て呼び止めた**のだった……ような気がする。そして、これを見てください、と言って、ネコの横顔を描いた油絵を見せてくれたのだ（まー、そんな感じ。Ｆｔさんが読んだら、ちょっと違います、と言うかもしれない）。

私は、**これはすごい、と思った**。

そこには、油絵でしか表わせない独特の重さと繊細さで、鋭くもあり、優しそうにも見えるネコが見事に描かれていたのだ。

そしてそれから数カ月の月日が流れ、二年生の学生たちが、「三年になってどの教員のゼミに入るか」を決める時期がやってきた。

私は希望者が定員数を超えたので（その希望者のなかにＦｔさんがいた）、一人ひとりと面談をして、入ゼミ者を決めなければならなかった。

面談では、たいてい、やがて取り組まなければならない卒業研究ではどんなことがしたいかを尋ねることにしている。

その質問に対してＦｔさんは、**「モモンガの保全と地域を活性化する活動を卒業研究にしたい」**……みたいなことを話してくれた。

そして、その言葉を聞いて、私の頭のなかには、ひらめきのように、モモンガグッズの焼印のモモンガが、以前にFｔさんが見せてくれた油絵のネコがモモンガになっている、モモンガグッズ油絵バージョンが浮かんだのだ。

それがFｔさんにとって一番いい卒業研究になると思ったのだ。

そして、Fｔさんは私のゼミに入ることになり、**モモンガグッズ油絵バージョン・プロジェクト**は実際に走りはじめ、作品づくりや、その経済的効果などを評価する方法などについても考えはじめた。

じつは、以前にも、モモンガグッズではないが、強いて言えばモモンガフーズを開発して地域（芦津）の活性化に結びつけたいと奮闘した先輩ゼミ生（Oさん）がいたのだ。

研究の取り組みを簡単に言うと、手づくりのパンや（なかにつぶあんが入った）大判焼きの上面にモモンガの焼印を押した、Oさん曰く「モモンガ焼き」を試作し、**その経済的価値**もリサーチしたうえで、地域の名産にしてもらう、という実践的研究と言えばよいのだろうか。

Oさんは「モモンガ焼き」を、私が依頼された講演会などに持っていき、私が講演のなかで

「モモンガ焼き」にふれ、講演が終わって会場を出る人たちに、さまざまな値段をつけた「モモンガ焼き」と、モモンガの焼印だけがない「焼き」を用意し、どれがどれくらい売れるかを調べたのだ。そうやって「モモンガ焼き」の、特に「モモンガの焼印」の価値を査定したのだ。

Ｆｔさんも同様な取り組みができるのでは、と話をして、まずは、一番の核になるモモンガグッズ油絵バージョンの試作に挑戦しようということになった。Ｆｔさんは意欲満々に見えた。描くことが好きだったからだ。そして、それがニホンモモンガという**愛すべき野生動物の保全と地域の活性化につながっている**と思ったからだろう。

それから間もなく、Ｆｔさんの「モモンガ・ペンスタンド油絵バージョン」や、「モモンガ型コースター油絵バージョン」ができ、それを見た私は、正直、ちょっと驚いた。**よいのだ。かなりよいのだ。**

それらの作品を見て、私は、それまで承諾を渋っていた「とっとり市」への、モモンガグッズの出店も、喜んではじめることにした。

上：右が“伝統的な”モモンガ・ペンスタンド焼印バージョン（左上にモモンガが実際に使っていた巣材に囲まれて“チビ”モモンガがいる）、左がモモンガ・ペンスタンド油絵バージョン（穴には巣材だけが入っている）。Ftさんは1時間もかからずモモンガの油絵を描いた。売りはじめるとある程度数が必要になってくるのだから、そりゃあ、あまり時間をかけていたら商売にはならないものな
下：右がモモンガ型コースター油絵バージョン。左がモモンガウェルカムボード（ドアにかけておく）

「とっとり市」というのは、鳥取市が運営するネットショップで、数年前、モモンガグッズの出店を依頼されたのだが、当時、モモンガショップの「とっとり市」専用のホームページを管理してくれる学生がいなくて、（仕事が大変忙しい）私がやるのも無理だと考えて、せっかく声をかけていただいたのに申し訳なかったのだが、そのままにしていたのだ。

でもＦｔさんに聞くと、**やりたい、「とっとり市」専用のホームページもつくりたい**、ということだったので、これは卒業研究のためにもよいことだと思い、Ｆｔさんにすべて任せることにした。

私も、自分のツイッター（当時）でＦｔさんの「モモンガグッズ油絵バージョン」を宣伝し、**思った以上に注文が来た**。その勢いに乗って、〝伝統的な〟「モモンガグッズ焼印バージョン」の注文も増えた。

ちなみに、先にお話しした「スギに限らず、厚みのある木材は、乾燥までに時間がかかり、乾燥しきるまでにたいてい、ひびが入る」という樹木の性質によって、せっかくＴｋさんがつくられたモモンガ・ペンスタンドの〝土台〟（ひびを逃がす切れ込みを上面につくって、そこ

モモンガ・ペン&ペーパースタンドは、“土台”が直方体のスギである。ところが乾燥が十分でないと割れ目が入ることがある。“土台”の正面に入った割れ目をどうするか。「割れ目をモモンガが一息つく“止まり場”に見立てて絵を描いたら？」という私の提案に見事に応えたFtさんの作品

は写真とかハガキなどを立ててもらう設計にしていた。つまりモモンガ・ペンスタンドは、正確にはモモンガ・ペン＆ペーパースタンドなのだ）に、予定外のひびが入ったことがあった。

でもそこは、**「ピンチはチャンス」**を座右の銘の一つにしている（今、そうしたのだが）私のことだ。Ｆｔさんにこんなアイデアを提案してみた。

「割れ目をモモンガが一息つく〝止まり場〟に見立てて絵を描いたら？」

**そして出来上がったのが前ページの写真だ。**

見事だ。

そしてこの作品は、「モモンガ・ペン＆ペーパースタンド」限定品として、五つ（割れ目が入った〝土台〟が五つあったのだ）とっとり市で売りに出した。

そして、私のツイッターでも宣伝したら、しばらくして「このツイートでひとめぼれして購入しました。杉の香りに癒されました」という旨の引用リツイートがあった。

**ありがたい話ではないか。**なかなかいい話ではないか。

さて、いい話をしたところでＦｔさんの「モモンガグッズ油絵バージョン」の話は終わりにしよう（なお、残念ながら現在は、とっとり市でモモンガグッズを購入することはできない……運営が大変なのだ）。

＊　＊　＊

突然だが、ＴｋさんとＦｔさんの共通点、読者のみなさんは何か思われるところはあるだろうか。

どちらもモモンガグッズ制作にかかわっている？

うん。確かにそうだ。でももっとほかにはないだろうか。

私はこんなことを思うのだ。

二人とも**「ある才能を磨きつづけている」**ということだ。

もちろんＴｋさんのほうがその年月は長く、そうやって磨かれてきた才能の一端でモモンガグッズの〝土台〟をつくってくださっている、と言えばよいのか。

Ｆｔさんはこれからも絵の才能を伸ばしつづけて、**今以上に、ヒトの心を打つ絵を描くようになっていく**のではないかと思う。

どちらも、生活上の利便性・快適性や、心地よい気分にさせてくれる魅力を生み出す才能であり、それらがモモンガグッズにも注がれたわけだ。ありがたいことだ。

ちなみに、ここからは、動物行動学から見たヒトの特性について書いていこうと思う。テーマは、本章のなかに書いたモモンガグッズにも深く関係する「ネアンデルタール人とホモ・サピエンス人との認知・思考様式の違いの一つ」。どうだろうか。本、閉じられてしまうだろうか。

まー、それもいい。長くはないので、ここまでで本章の元はもう取ったと思っていただきたい。ただ、このテーマは、本章での話題の中心になった「モモンガグッズ」に大いに関係することでもある。ちょっとややこしいところもあるかもしれないが、寄っていっていただきたい。

われわれホモ・サピエンス人（正確には、後期ホモ・サピエンス人）の兄弟種にあたるネアンデルタール人は、たとえば、狩りに使うときの道具の場合、矢じりにしてもナイフにしても、石を削って、縁や先端の薄さ・鋭さといい左右対称性といい、見事なものをつくったことが知られている。石などの物体を加工する能力にじつに長けていたのである。ただし、彼らがつくった矢じりやナイフは、**種類がとても少なく**、その点が、やはり狩猟のための石器武器をつくったホモ・サピエンス人がつくった武器の場合と大きく異なっていた。

ホモ・サピエンス人がつくった武器は、加工の技術もさることながら、ネアンデルタール人がつくったものと比べ、種類が圧倒的に多かったのだ。

違いはほかにもいろいろある。たとえば、**ネアンデルタール人は、矢じりやナイフを動物の骨や角などからつくることはなかった**。ホモ・サピエンス人は、そういったものを巧みに使って武器をつくったのだ。

これらは何を意味するのか。

考古学者の見解は以下のようなものである。①ホモ・サピエンス人は、動物の種ごとに異なる体の構造や行動についての知識を考慮して石器武器をつくった。たとえば、皮膚が分厚い動物に対しては尖った、長い矢じりが有効だとか、素早く飛び立つ水鳥には、速く飛ぶ細くて軽い矢じりが成功率を上げるとか。②ホモ・サピエンス人は、**動物の体の一部**を、武器という物理的なものとして見る能力があった。ネアンデルタール人にはそれができなかった。

さて、ここからが動物行動学の子どもである進化心理学の大きな仕事の一つである「狩猟採集生活に適応した〝脳のモジュール構造〟」の話だ。

脳のモジュール構造とは次のような特性を示している。

パソコンを考えてみよう。

パソコンが便利に、つまりすぐれた道具として働くためには、文字を書くのなら「ワード」を、表計算をするのなら「エクセル」を、図表を描くのなら「パワーポイント」を、といったように、**課題の内容ごとに異なったプログラム**のソフトを集めてもっている、という構造になっているほうがよい。もし（そうではなく）、パソコンに一つしかプログラムがなく、そのプログラムを、課題に合わせていろいろな操作をしてやっと使える状態にしてから使っていたとすると、課題に素早く対応できない。膨大な手間も必要になってくる。

別な例を挙げれば、キャンプに行ったときに出合う課題に対応するナイフを考えてみよう。

一方は、木を切ったり、果物を切ったり、缶を開けたり、コルク栓を抜いたりなどなど、**それぞれの課題に専門的に対応した形態の、複数の刃**が収められているナイフ(一般にスイスアーミーナイフと呼ばれている)、他方は、**一種類の刃**でそれぞれの課題に対応するナイフ。

どちらが有利に課題に対処できるだろうか。

ネアンデルタール人はその歴史のすべてで、ホモ・サピエンスは現代までの約二〇

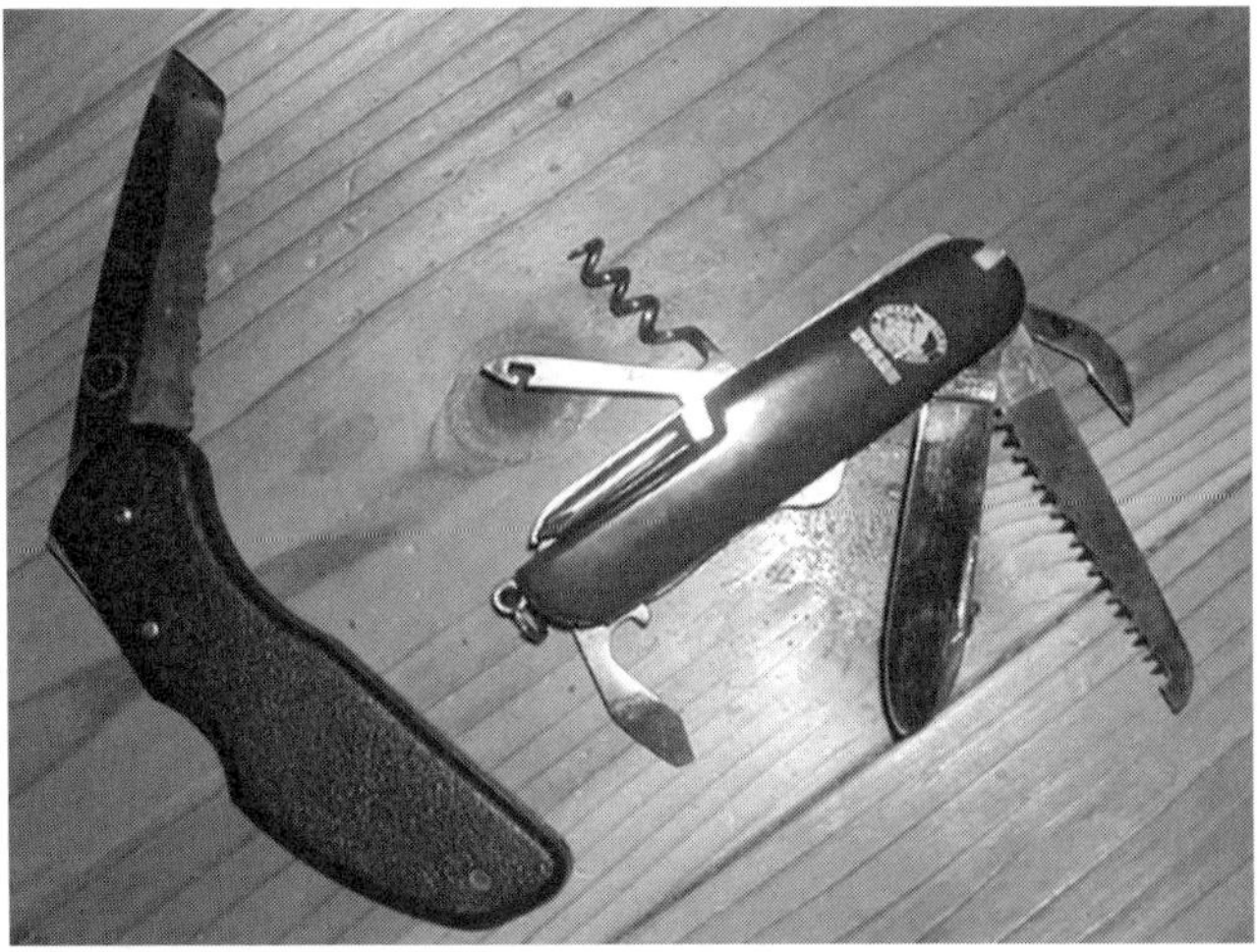

それぞれの課題に専門的に対応した複数の刃が収められているナイフ（右）と、一種類の刃でそれぞれの課題に対応するナイフ（左）。課題への対処に有利なのはどちらだろうか？

万年の九割以上で、自然のなかでの狩猟採集生活を送っていた。そういった環境のもとでは、ネアンデルタール人の脳も、われわれホモ・サピエンス人の脳も、基本的には、狩猟採集生活のなかで直面する課題（動物や植物などの生物とのやりとり、石や土といった物理的なものとのやりとり、集団のなかでの他人とのやりとりなど）に対して、**課題の内容ごとに異なったプログラム**のソフトを集めてもっている、という構造になっているほうがよい。そのほうが、より適応的であり、進化の産物として生き残りやすかっただろう。

進化心理学はそんな仮説を立ててさまざまな実験を行ない、また、脳科学や認知科学などの知見と合わせて、仮説を検証していった。

その結果、確かにホモ・サピエンス人の脳は、パソコンで言えば「ソフト」にあたる「対生物専用神経系（モジュール）」「対物専用神経系（モジュール）」「対人専用神経系（モジュール）」など、課題の内容に合わせた処理神経系を脳内に集めたような構造になっていることがわかってきた。

**たとえば次のような具合である。**

物に顔などを当てた経験がまったくない赤ん坊でも、前面からものが近づいてくると（目の前にスクリーンを置いて、そのスクリーンの中心を起点に円形の影が拡大していく映像を見せる)、腕を上げて顔を守る姿勢をする(対物専用神経系)。

アライグマの毛を刈り込んだり体に色を塗ったりしてスカンクによく似た姿にする操作を見せ「アライグマがスカンクになった」と言っても、子どもたちは「**スカンクにはなっていない。アライグマだ**」と言う(対生物専用神経系・生物は見た目が変わっても本体の種類は変わらないことを本能的に知っている。生物についてはそう判断する神経系のプログラムになっている)。机に加工を施して椅子のようにして「机が椅子になった」と言ったときは納得する(対物専用神経系)。

他人も、自分と同じ喜怒哀楽の感情をもっていて、自分の接し方によって感情を変化させることを、脳がある程度成熟した子どもなら本能的に(学習しなくても)知っている(対人専用神経系)。

おそらくネアンデルタール人の脳も課題ごとの専用の対応神経系を備えたものだったと考えられる。彼らは、対物専用神経系を作動させて、矢じりにしてもナイフにしても、石を削って、縁や先端の薄さ・鋭さといい、左右対称性といい、見事なものをつくったのだろう。

さて、**そこでだ**。ではなぜネアンデルタール人とホモ・サピエンス人とでは、後者の人類のみ、それぞれの動物種の習性に応じた狩猟採集道具をつくり、また、石だけではなく、動物の骨や角なども使用した狩猟採集道具をつくったのか。

この問題に「認知的流動説」という仮説を提唱して、説得力のある理由を述べたのが、認知考古学という新しい学問分野を誕生させたイギリスのスティーヴン・ミズンである。ミズンはこう考えた。

ホモ・サピエンス人では、対物専用神経系と対生物専用神経系、対人専用神経系の間で情報のやりとりが行なわれるような**神経レベルでの変化が起こった**のだ（その後、この仮説は、遺伝子の分析によって支持を得ることになる。ホモ・サピエンス人において、言語機能と深く関係したFOXP2遺伝子という遺伝子の生成が起こり、言語が、各種専用神経系の間の情報伝達を担ったのではないかと推察されたのだ）。

「認知的流動」が起こるとどんな変化が生まれるだろうか。

たとえば、狩猟採集道具をつくるとき働く「対物専用神経系」に、さまざまな種類の動物の特性の理解・記憶を担う「対生物専用神経系」の情報が入ってくれば、**各種動物の習性を考慮**

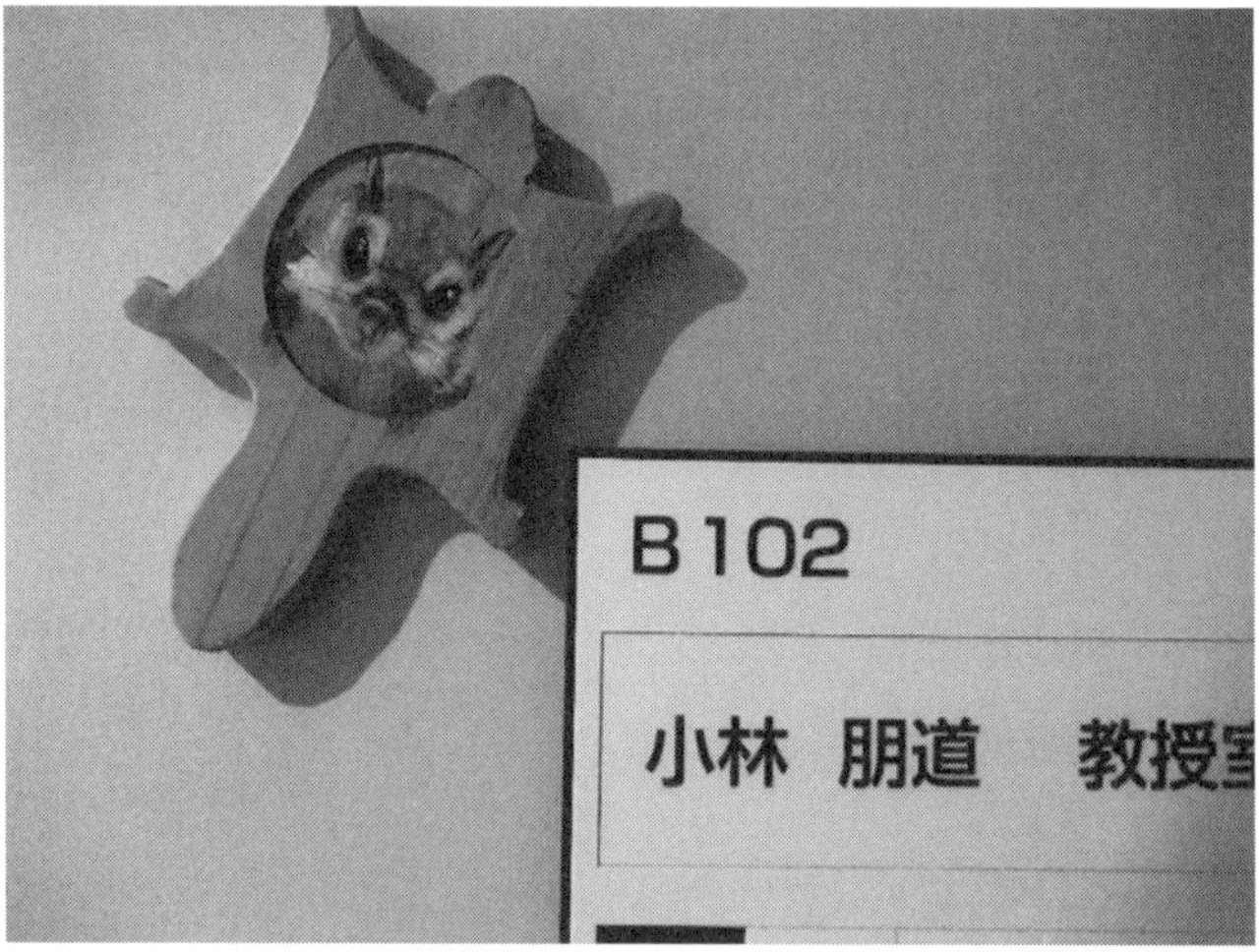


私の研究室のドアのところではTkさん制作の枯死杉材を原料にしたモモンガ型コースター盤にFtさんが油絵を描いて完成したモモンガ型コースター油絵バージョンが「小林先生はここだよ」とばかりに案内してくれている。認知的流動が可能にした作品だ

**した道具がつくられる**だろう。ある動物の太い骨に関する情報が入ってくれば、その骨を使用した道具がつくられるだろう。………そういったわけだ。

ここらで、ホモ・サピエンスの**「脳のモジュール構造」と「認知的流動説」と「モモンガグッズ」**が結びつくことになる。

「認知的流動」は、芸術的と考えられる、ホモ・サピエンスの考古学的作品にも姿を現わす。取っ手の部分に動物の絵柄が入ったナイフだとか、動物や植物の絵柄が描かれた土器だとか(以上、対物専用神経系と対生物専用神経系の間の認知的流動)、ケンタウルス(上半身がヒトで下半身が馬)のような壁画(対人専用神経系と対生物専用神経系の間の認知的流動)である。ネアンデルタール人の〝作品〟にはまったく見られなかった「装飾」である。

**さて、どうだろう**。

コースターという物理的物品に、動物であるニホンモモンガが描かれているモモンガコーススター。

われわれにとっては当たり前のことかもしれないが、それが可能になるには、ホモ・サピエンスがたどった進化的適応が作用した**長い長い旅があったのだ**。

# キャンパス林のビオトープで毎年起こること

サンインサンショウウオが産卵しトノサマガエルが泳ぎ………
毒ヘビの出現は今年が初めてだったが

ある七月中旬の暑い日、私は研究室で仕事をしていた。

午後、仕事に疲れたので、研究室がある実験研究棟から外へ出てキャンパス林へ向かった。林のなかで体と目と脳を動かすのだ。

棟から出て道路を渡り、駐車場を横切ると、キャンパス林の「出入り口」がある。「出入り口」とはいっても、もちろん、金属や木でつくった門があるわけではない。ヒトが出入りするので「出入り口」の部分の植物が踏まれたり、枝が折れたり、そんなことがずっと繰り返され、あたかも、植物に囲まれた長方形の穴に見える状態が出来上がったのだ。そこから先の世界が、デスクワークで疲れた私を癒やしてくれるのだ。

ああ、森林セラピーか、と思われる読者の方もおられるかもしれないが、ちょっと違う。森林セラピーは、「静か動か」と聞かれると、どちらかと言えば「静」だろう。**でも私の場合は「動」**であり、目と脳は、昆虫をはじめとする動物を求めて活発に動き、脳からの司令に従って四肢も、木々の枝をかき分けるように活発に動いた。

ちなみに、「出入り口」を最初に通ったヒトは、間違いなく私だろう。鳥取環境大学が開学し、教員がそれぞれの教員研究室に入ったとき、やがて「出入り口」になる運命にあった場所の木々を押しのけて林に入っていく教員など私しかいなかったのだ。

そして、「出入り口」の〝芽〟とでも言うべき場所には、時間の経過とともに、**学生たちや、時々ヤギ**も招待されるようになり、林のなかには〝芽〟から続いていく小道ができていった。

思えばその後、（それほど広くはない）キャンパス林は、私によって隅々まで歩き回られ、ある場所は「ヘラジカ林」と呼ばれ（私が呼んだのだが）学生のフィールド演習に使われたり、「アカネズミ種子貯蔵

キャンパス林の「出入り口」。時間の経過とともに学生たちやヤギも招待されるようになり、林のなかには小道ができていった

エリア」と呼ばれ（私が呼んだのだが）、アカネズミによるドングリの貯蔵場所の研究に使われたり、「ニホンモモンガ野外ケージ」と呼ばれ（私が呼んだのだが）、生息地から連れてこられて実験室での実験を待つモモンガが一時的に飼育されたりした。

「ヘラジカ林」（航空写真で見ると目や鼻や角があるヘラジカに見えたのだ。ちなみに当時はグーグルアースは一般開放はされていなかった）には、キツネが、大きなスギの木の根もとを入り口にした巣穴を掘っていた。自動撮影カメラを仕掛けておいたら、巣穴から姿を現わしたキツネがしっかり写っていた。アナグマの巣もあり、でもアナグマはどこかへ引っ越したようで、**タヌキがちゃっかり使っていた**。タヌキも自動撮影カメラに写っていた。子ダヌキと親ダヌキがカメラのほうを見ていた。

「アカネズミ種子貯蔵エリア」では、中心に一本のコナラがある約六〇メートル×六〇メートルの区画に、一辺が五メートルの格子になるようにロープを張り、「コナラから落下した種子（ドングリとか堅果という）を、**アカネズミがどこへ運んで土に埋めるのか**（数センチくらいの浅いところに堅果を埋めて貯蔵する習性がある）」、そして「埋められた堅果のうちどれくらいの割合が、アカネズミに掘り出されて食べられることなく芽を出すのか」などを調べた。ゼミの学生たちに頼んで、〃一本のコナラ〃から落ちた堅果にマジックで番号を書いてもらい、その印を頼りに、埋められた堅果や、芽を出した堅果を見つけ出して特定した。

「ニホンモモンガ野外ケージ」は、生えている樹木を柱として使い、側面と天井に金網を貼って七メートル×五メートル×高さ二・五メートルの野外ケージにした。ケージ内には、取り込まれた木に巣箱がつけられ、水飲み場や餌場がつくられた。このなかのモモンガは、しばしば日中にも姿を現

アカネズミが埋めたコナラのドングリから生えた幼木。白丸のなかにマジックで書いた番号が見える

わし、巣箱の上で餌を食べたり休息したりしていた。ちなみに、チェコ共和国のプラハにある日本国大使館が「日本の自然」みたいな冊子をつくったとき、私の提供したモモンガの写真が表紙になった。何がどうなるかわからないネ。

まー、こんなふうに私は、ほんとうに自由に、キャンパス林を使わせてもらってきたわけだ。

**さて**、本章のタイトルのなかの「キャンパス林のビオトープ」についての話だ。

このビオトープは、キャンパス林の「出入り口」を入って一〇メートルほど進んだところにある長径が約二・五メートルの楕

在チェコ共和国日本国大使館が「日本の自然」みたいな冊子（右）をつくったとき、私の提供したモモンガの写真（左）が表紙になった

円形の水場である。一番深いところが〝最初〟は一メートルくらいの浅い水場だった。

〝最初〟と書いたのは、その後、ビオトープを覆う樹木の葉が落ちて底に沈み、毎年私が落ち葉掃除をするのだが、どうしてもある程度落ち葉は残り、それが数十センチたまり、つまり現在、深さは「一メートル ―《マイナス》 数十センチ」になっている、ということだ。

さらに、その後と書いたのは、つまり、ビオトープが、**あるときにつくられた**ことを意味している。

そう、そのビオトープは、二〇〇七年に、小林ゼミにいたタナカくんが、卒業研究としてつくったのだ。

卒業論文のタイトルは「カスミサンショウウオの生息地の環境分析及びそれに基づいたビオトープ創出の試み」だった。

山陰地方に生息するサンインサンショウウオ（卒論執筆当時はカスミサンショウウオ日本海型と呼ばれていたが、二〇一九年に新種として記載された）は環境省のレッドリスト二〇二〇で絶滅危惧ＩＢ類に指定されている希少な種であり、こういった**希少な種への保全対策**の一つは、生息地を増やすことである。仮に、ある生息地のサンインサンショウウオの個体群が絶滅しても、**別な場所の個体群が存続していれば種の絶滅は避けることができる**というわけである。

そういったこともあり、カスミサンショウウオ（本章では引き続きこう呼ばせていただく）についての対策として「生息地を増やすことが可能かどうか」というテーマにタナカくんは挑戦したというわけだ。もちろんそのためには、カスミサンショウウオが生息・繁殖できる環境要素を探らなければならない、ということで、タイトル前半の「カスミサンショウウオの生息地の環境分析……」も行なったのである。

幸いなことに、「ヘラジカ林」のヘラジカの鼻のあたりにある水路に、毎年、シラカシの木から下りてきたカスミサンショウウオが産卵していた（なぜそんなことが言えるのか？　というぶかる方もおられると思うが、私は一度、その林で、足を滑らせて尻餅をつき、そのとき、えぐれた落ち葉層の下から**サンショウウオの成体が出てきた**、という大変貴重な経験をしたことがあるのだ）。たくさんの卵嚢が長い水路一帯に見られ、複数の雄と複数の雌が水路に入って繁殖していると考えられた。

タナカくんは、カスミサンショウウオが繁殖できる場所を、キャンパス林内のいい場所（そして、できるだけ〝ヘラジカ〟の鼻のそばの水路から離れた場所）に創出したいと考えていたので、〝ヘラジカ〟水路の環境情報は大変参考になった。さらに、〝ヘラジカ〟水路以外にも、県内で、カスミサンショウウオが生息する場所を見つけてそれらの環境を調べ、最終的に、〝ヘラジカ〟水路から約七〇〇メートル離れたところに適切な場所を見つけ、タナカくんはそこにビオトープをつくることにした。周囲に林があり、落ち葉がしっかりたまり、林床が適度に薄暗い場所だった。

**〝創出〟は大変だった。**重機でもあればかなり労力は省けるのだろうが、重機を入れたらキャンパス林の「出入り口」付近やその先が荒れてしまうだろう。タナカくんは、スコップとツルハシ、鍬で〝創出〟に取りかかった。

結構きついのは、少しでも地面を掘ると、周囲の木々が縦横無尽に根を生やし、その根がまた太くて丈夫だからだ。それらの根を、鍬を振り下ろして切っていかないと土は掘れないのだ。

そして苦闘の末、出来上がったのが次ページの写真（左）のような、幅一・五メートル、長さ二・五メートルほどのビオトープの〝枠〟だ。たぶん、一週間くらいはかかったと思う。ちなみに、この〝枠〟の内側に防水シートを敷き、その上に土をかけ、水を入れ、数年経過した状態がもう一枚の写真（右）である。タナカくんは、水際に栽植を施し、なかなかいい感じのビオトープが完成した。

　そして、そこに、ヘラジカ林の水路や周辺のいくつかの水場からカスミサンショウウオの卵嚢《らんのう》を数房持ってきて入れたのだ。ちなみに、〝数〟房というのが重要なところだ。というのは、一房の卵嚢のなかの卵（やがて胚になる）は同じ雌が産んだ兄弟姉妹の関係にあり、一房だけ持ってきたとすると、そこで育ちやがて（うまくいけば）同じ水場に帰ってくるだろう成体の雌雄は**兄弟姉妹同士ということになる**。それは近

苦闘の末、出来上がったビオトープの「枠」（左）。「枠」の内側に防水シートを敷き、その上に土をかけ、水を入れ、数年経過した状態（右）

親交配になり、その結果、生まれてくる個体は、形質に何らかの障害をもつ可能性があるのだ。だから〝数〟房にしたというわけだ。

卵囊のなかにはすでにある程度発生が進んだ胚があったが、その胚は順調に育ち卵囊の膜を破って外へ飛び出し、水中を自由に泳いだ。

カエルで言えば、卵塊から飛び出したオタマジャクシと同じ段階だ。ただし、外見的には、オタマジャクシは、鰓《えら》が張り出しているのは最初の数日だけだが、カスミサンショウウオの場合は、変態が起こるまで、ずっと鰓は外に出ている。

やがて、カスミサンショウウオの幼生にも変態が訪れ（そこから先は、タナカくんは確認できなかったが）、鰓呼吸から肺呼吸へと変わり、水中から出て林

卵囊のなかにはある程度発生が進んだ胚があり、順調に育って卵囊の膜を破って外へ飛び出していった

床の落ち葉の下に潜みながら、水場の周囲で土壌動物を餌にして、**約三年間暮らして成体になる**（と言われている）。陸上に上がってからのカスミサンショウウオの幼体はまず見つけることはできないから、ビオトープからすべての幼生が消えたとき、タナカくんの卒業研究も事実上、終わりになった。そして、「カスミサンショウウオの生息地の環境分析及びそれに基づいたビオトープ創出の試み」という卒業論文を提出してタナカくんは卒業していった。

**それから三年後、何が起こったか**読者のみなさん、予想してみていただきたい。

そう、それから三年後の春、タナカくんがつくったビオトープで、カスミサンショウウオの卵嚢が見つかったのだ。ある学生たちが幼生を見つけたと私に知らせにきてくれて、私が網ですくったら、そのなかに入っていたのだ。そして、網のなかには、もう一つ、うれしさを倍増してくれるものが入っていた。

**成体のカスミサンショウウオ**である（立派な雄であった）。タナカくんが、ヘラジカの鼻から連れてきて（意味がわからない方はここまで、もう一度、本章を読み直してください）ビオトープに放した、まだ卵嚢に入っていた胚が育ち、変態して陸地に上がり、生き抜いて成長し、何らかの方法で場所を記憶して、三年ぶりにもどってきたのだ（まず、間違いない）。同様な人生（サンショウウオ生）をたどってきた雌もいて、彼らが、ビオトープで出合い、雄の求愛を受けて、雌が産卵したのだ。

すばらしい。

それから今日まで一〇年以上の時間が経過するが、ビオトープでは、毎年、卵嚢が見つかり、それと、雄も見つかった。雄からの求愛を受けて産卵したらすぐに水場を離れる雌とは違い、雄は、水場のなかに居残り、次にやってくる雌を待つのだ。したがってビオトープには、複数房の卵嚢が見

ビオトープでは毎年卵嚢が見つかる。ビオトープの近くの倒木の下で雄のカスミサンショウウオを偶然発見したこともある。タナカくんに見せてあげたい、と思った

られた。
一度私は、ビオトープの近くで、コナラの大木が寿命で倒れ横たわっていたその下で、雄のカスミサンショウウオを、偶然発見したことがあった。倒木の下に浅い穴を掘って、体をSの字に曲げて、じっとしていた。**ああ、君らはこうやって陸地で生き抜き、早春にビオトープに移動するのだな**、と思った。愛おしく感じた。

タナカくんに見せてあげたい、と思った。

さて、ビオトープができてから、カスミサンショウウオが現われるまでの三年間、ビオトープはけっして静かではなかった。
ムカシトンボがやってきて岸に産卵をし（ビオトープに網を入れると、いかにもムカシトンボの幼虫らしく、大きくていかつい感じのヤゴが、たいてい入ってきた）、移動能力にすぐれたトノサマガエルが早々とやってきた。そして雌雄ともにやってきたのだろう。彼らもビオトープに卵を産んだ（カエル類の、ゼリーに包まれた卵の集合体は〝卵塊〟と呼び、サンショウウオ類のそれは卵嚢と呼ぶ。理由はその形状なのだろうが、あんまり説得力がないような……）。

初夏に網を入れると、トノサマガエルの幼生（カエルの幼生のことをオタマジャクシと呼ぶ）が、おもに枯れ葉からなる堆積物のなかに混じっていた。

ちなみに、トノサマガエルについては、**ある興味深い行動**を、ビオトープで発見することになった。いったん、発見すると、私もそれに注目するようになり、高い頻度で起こっていることがわかってきた。ビオトープを利用する成体のトノサマガエルが増えてきたことも関係しているかもしれない。

こんな行動である。

私は大体、朝方、キャンパス林の「出入り口」を入って、ビオトープのほうに向かう。すると、私の姿か足音に反応して、ビオトープの土手で休息か獲物をねらっていたと思われるトノサマガエルが、おそらく避難のために池に飛び込むのだが、飛び込むとき、ピッと鳴くのだ。するとと最初にピッと鳴いて飛び込んだカエルに続いて、次々にほかのカエルたちも池に飛び込みはじめ、みんなピッと鳴くのだ。

この現象について、私は動物行動学者として、**次のような可能性**を考えるのだ。

ヤマアカガエルのオタマジャクシでは、一緒に育った個体を血縁個体と認識する、つまり、一緒に育った個体のニオイを学習し、血縁個体だと認識することが知られている。一方、ジリスなどで明らかになっている事実は、近くに血縁個体がいるときは、捕食者の接近に気づいた個体がピチーッという警戒音を発するということである（血縁個体は自分と同じ遺伝子をたくさんもっている可能性が高い。進化は、自分と同じ遺伝子を増やすような行動を残していく）。

両方の知見を総合すると、ビオトープのなかで一緒に育ったトノサマガエルたちも、**互いを血縁個体と認識し**、私の接近にともない、警戒音を発するのではないか。

ビオトープの主、トノサマガエル（大きめの個体はどの個体でも、私はケロちゃんと呼びたくなる）

これからの私の密かなテーマの一つである(証明されればじつに面白い! 自分で言うのもなんだが)。

トノサマガエルは、いわばビオトープの主のような存在で、冬以外は一年中、数個体以上がビオトープのなかや岸にいる。

大きな個体が顔を出してビオトープに浮かんでいるときは、まわりの木々が水面にうつってきれいな森を生み出し、そのなかに、思わず、**「ケロちゃん」**と呼びかけてしまいそうな気持ちになる。

またカエルといえば、トノサマガエルだけではない。一年の一時期(五月の終わりから

コロコロとメスへの求愛コールを奏でるモリアオガエルのオス(左)とビオトープの"上空"の枝に産みつけられたモリアオガエルの卵塊(右)

六月の初めにかけて）に、コロコロコロコロと（私には）聞こえる独特の声と一緒に現われ、あるものを残して去っていくカエルがいる。

**モリアオガエルだ**。

五月の終わりから六月の初めにかけて、ビオトープのあたりからコロコロコロという鳴き声が聞こえはじめる。もちろん私には声の主がわかる。**「あいつらがやってきたな」**と感じさせてくれる年中行事だ。

モリアオガエルは、繁殖期以外は樹上で過ごしていることが多いと言われている。そして繁殖期になると、水場に、まず雄たちが集まり、複数個体がコロコロ鳴くのである。どうやって新しくできた水場であるビオトープを見つけるのかはわからない。ただし、たとえば、新しい水場ができるとすぐに、何らかの感覚を駆使してそれを見つけられる、ということではないらしい。ビオトープが完成してからモリアオガエルの産卵が起こるようになるまで二年くらいかかったことがそれを物語っている。

ビオトープでモリアオガエルの卵塊を見たときはうれしかった。卵塊が発する輝きもうれしかったが、ビオトープが**キャンパス林の一員として認められた**ような気がしたのだ。

私のそれまでの経験だと、モリアオガエルの卵塊は、小雨が降った日の次の日によく見られた。小雨に濡れながら、雄たちが雌に抱きつき、雌が放出する卵を含んだゼリー状のものに精子をかけ、足でこねまわす結果、〝ゼリー〟は〝泡〟になり、モリアオガエル独特の卵塊ができるのだ。

その後、卵塊は表面だけが乾いて膜状になり、内部に泡状の〝池〟を保持したまま卵を守る。孵化は一～二週間ほどで起こると言われている。

孵化してオタマジャクシになったあとは、泡状の〝池〟のなかで〝泳ぎ〟、やがて雨が降って乾いている卵塊の表面がもろくなると、なかのオタマジャクシは卵塊から外の世界へと落下し、落下した先には水場がある、というわけだ。**なるほど、やるね！**


さて、そんなビオトープで、楽しみ、学び、人生について思索（！）してきた私だが、今年は、新しいメンバーが顔を見せてくれた。

そのメンバーは、一般的に「自然は気持ちいい」といったイメージをもっているわれわれ（私は違うけど）に、**ありのままの自然**について考えさせてくれるメンバーだった。

ある日の朝、出勤してキャンパス林のすぐ近くに車を止めて、林に入っていった。するとビオトープの水際に、鮮やかな模様の**マムシ**（毒ヘビ）がいるではないか。

マムシが現われたのは七月の半ばだった。おそらくその時期は、変態して子ガエルになったトノサマガエルが、池から出て岸を移動する時期だから、マムシはそれをねらっていたのではないかと思う。マムシは頭部の向きも含めて姿勢を変えることなく、何かを待っているように見えた。

しばらくマムシを見ていた私のなかには、これから二つのことをしなければ、という、**使命にも似た思いがわいてきた**。

一つは、看板の用意だ。私以外にも、こ

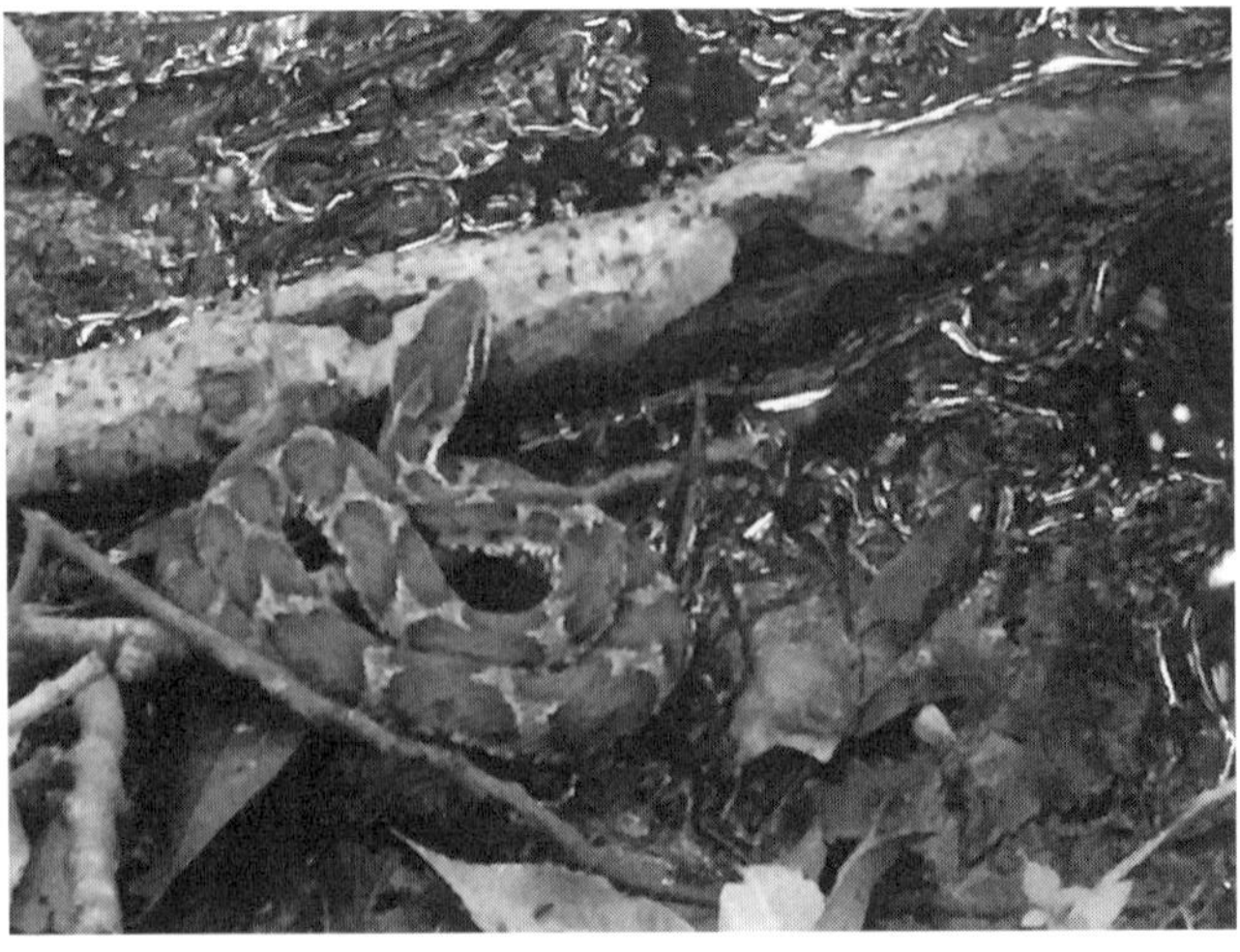

ある日の朝、ビオトープの水際に鮮やかな模様のマムシがいた。変態して子ガエルになったトノサマガエルをねらっていたのだろう

こを通るヒトがいるかもしれない。たとえば、生物実験でキャンパス林の生物を調べることになった学生である。あるいは、虫が好きで、網を持ってキャンパス林に入る学生である。そういった学生が、毎年、数人以上は入学してくるのが本学の環境学部だ。

マムシは、体色が林床に似た模様をしている。気づかずに踏みつけるかもしれない。看板を立ててマムシがいる可能性を伝えなければならない。

ということで、**立てましたよ**。その日のうちにササッとつくって翌日、ビオトープのそばに（下の写真）。

そして、もう一つの「しばらくマムシを見ていた私のなかには、これから二つのことをしなければ、という、使命にも似た思い」とは……、**マムシとのコミ**

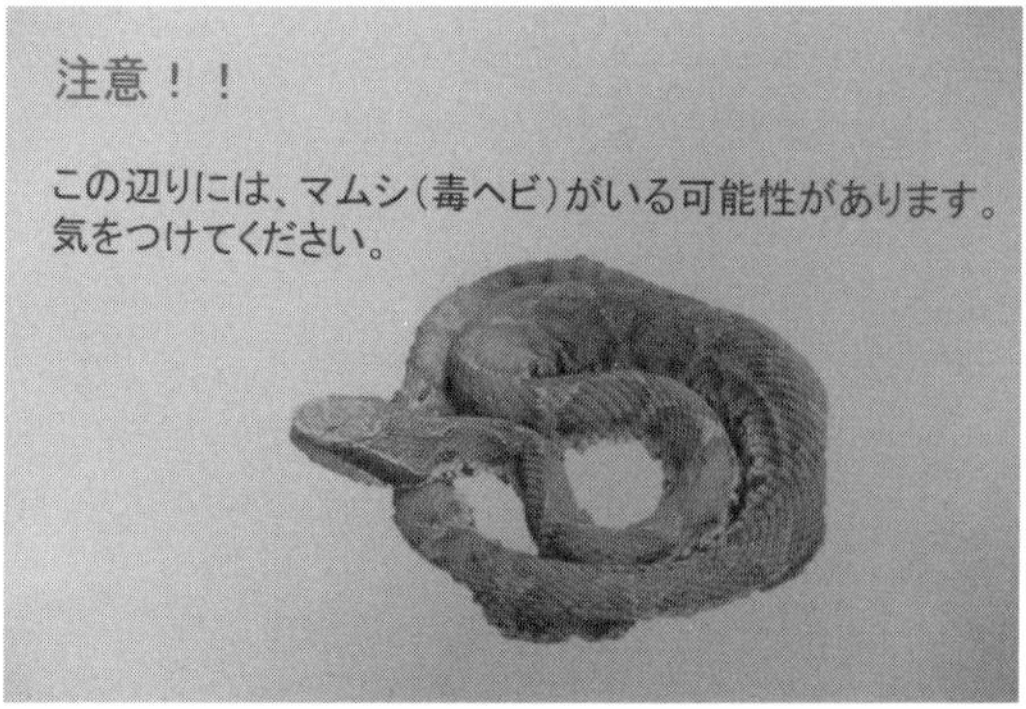


マムシは林床に似た模様をしているので、気づかずに踏みつけるかもしれない。
注意を促す看板をつくってビオトープのそばに立てた

**ユニケーション**である。

せっかくここに来てくれているのだから、しっかりと私の存在を認知してもらい、**何らかの、メッセージのやりとりをしなければ**、………と、まー、そう思ったわけだ。

そう思った私は、ゆっくりとマムシに近づき、正面から彼（か彼女）の顔を見ようとした。しかし、彼（か彼女）は、近づく私の気配に気づいたのだろう。動きはじめ、ビオトープを取り巻く林のほうへ移動していったのだ。

もちろん私は、あとを追い、先回りして、彼（か彼女）の進路の延長線上に座り、やってくる彼（か彼女）の顔と対面するように前方を見つめた。

すると彼（か彼女）は、緊張したような面持ちで動

私を認知したマムシ。尾を小刻みに震わせて威嚇してきた

きを止め、私のほうに顔を向けたのだ。つまり、予定どおり、私を認知したのだ。その証拠に、次の瞬間、彼（か彼女）は尾を小刻みに震わせはじめ、尾が地面や周囲の植物に当たって鳴る音が、私の耳に**心地よく**（いくぶん怖く）**響いてきた**。まー、みなさんはこういうことはしないほうがいい。Sの字に曲げられた体が前方に飛んできて嚙みつかれてしまう可能性もあるからだ。私は、その距離も念頭に置いた場所で彼（か彼女）と向き合ったが。

そして私は、その場を立ち去り、彼（か彼女）はどこかへ這っていった。それから一週間ほど、彼（か彼女）とは（たぶん同じ個体だろう）、ビオトープで何度か出合い、彼（か彼女）はその後、姿を現わさなくなった。

以上が、今年、私が、タナカくんがつくったビオトープで経験したことの一端だ。

最後に、ビオトープ散策を終えた**私が大変な目にあった**ことをお伝えして本章を終わろう。なんだか、タイトルとは直接関係のない、〝煙に巻くような〟話だが、つい最近、起こった私ならではのちょっと情けない事件だ。面白がって本章を読み終えていただければ幸いである。

私は、朝、車をキャンパス林のすぐそばに止めて、帽子をかぶり、ウィンドブレーカーを着て林に入っていくのだが、林のなかで蚊に刺されるのを防ぐため、蚊取り線香を専用容器に入れて携帯していく。そして、林から出たら、専用容器から出した蚊取り線香の先端を折って煙が出ない状態にし、再び専用容器にもどして、車のなかに残して荷物を持って研究室へと向かう。

**ところがだ**。その日は、ちょっと急いでいたこともあって、「煙が出ている蚊取り線香の先端を折って煙が出ない状態」にしたつもりが、**完全には折り切れておらず**、先端のほんの一部が生き残っていたらしい。それと気づかず専用容器にもどして車のなかに入れ、その場を立ち去ったのだが、やがて、その〝一部〟が、じわじわ拡大していき、どんどん煙を出しはじめたの

林のなかで蚊に刺されるのを防ぐため携帯している蚊取り線香の先を折り損ね、車のなかが煙でいっぱいになった

だろう。

**それから約一〇時間後**、帰宅の途につこうと車に向かい、ドアを開けた瞬間、私は〝煙に巻かれ〟、線香のニオイをいやというほど嗅ぐことになったのだ（私は、自分が蚊ではなかったことに感謝した）。

読者のみなさんも、マムシと車中不完全消火蚊取り線香には気をつけていただきたい。

# 先生、学長になるんですか！

## ニホンモモンガたちとの別れ

これを書いている「今日」は、二〇二四年一月三日だ。いわゆる正月三が日の終わりの日だ。この日、私は実験室に残っていた三匹のニホンモモンガ（実験のため二〇二三年一一月に芦津渓谷から連れてきていた）を、渓谷の元の場所へ帰しにいってきた。渓谷には雪はまったくなく、天気の〝一週間予報〟も穏やかな日が続くと告げ、今がいい、と思ったからだ。

話は変わるが、二〇二三年一〇月二七日の山陰地域の数社の新聞で、私が、公立鳥取環境大学次期学長候補に決定という記事が掲載された。

「私が、公立鳥取環境大学次期学長候補に決定」という事態にいたるまでには、**まー、いろいろなこと**があった………、でも、そうなってしまったからには、そして最終的には私がそれを受諾したからには、精いっぱいやるしかない、と思う。

受験者人口の減少などによって、いよいよ大学が置かれている環境が厳しさを増している時期に、私が学長………？

大きな不安と、「**ピンチはチャンス**、動物行動学の知見も織り交ぜながらやってみるか！」というポジティブな思い（大きな不安：ポジティブな思い＝七：三くらい）が交錯する日々が続いている。

新聞に私についての記事が掲載されたあと、少なからず、学生の反応があった。

一年生を対象にした授業では、授業終了後、学生が教壇や研究室に来て、「先生は、もう、授業をされないんですか？」とか「先生は、もう、ゼミはもたれないのですか？」などと聞きに来た。**その顔や場面は今でも忘れられない。**

また、ちょうどそのころ、二年生に向けてゼミ選択の決定のスケジュールについての説明会が開かれ（私は出席しなかった）、なかには、ゼミ担当候補教員のなかに私の名前がないことで涙を流した学生もいたと、あとで聞いた。

そういった学生たちには申し訳ないという言葉しかない。でも、教師冥利に尽きると思ったことも正直に書いておく。

そんな学生たちが、面白いと感じ、苦労をしながらも生き生きと成長しながら過ごせる大学にさらに近づけるように努力したいとも強く思った。**ほかの大学にはない、独自の活動が行なえる公立鳥取環境大学**にさらに近づけるように努力したいと思っているのだ。

さて、この話題については今回はここまでにし、本章では、学長になることにともなって、これまでのようなつきあい方はできなくなる**ニホンモモンガとのこと**についてお話ししたい

（次巻くらいで、おそらく〝ちょっと変な学長〟の話はしたいとは思っている）。

これまでのように、細々とではあるがやってきたニホンモモンガや洞窟性コウモリの研究（これまでやってきた学部長や副学長もそれなりに忙しいのだ）は終わりにしようと思っている。もちろん、自然や野生動物にふれない、といった生活など私にはできるはずはない。ただし、かなりな時間と労力を費やす〝研究〟というやつは終わり、ということだ。

先に述べた授業とは別の授業で、最終回が終わって教室を出ていく学生が**「野外にもどんどん出ていく学長になってください」**と威勢よく言ってくれた。「どんどん」は無理だが、ちょっとうれしかった。


なぜ、ここで、ニホンモモンガの話をするのかと思われる読者の方もおられるかもしれない。それは、ニホンモモンガへの感謝の思いと、私にとって彼らとの研究上の〝ほんとうの〟別れがとても大きなことだからだ。

学長をはじめる前に、まずは、彼らとの別れについて話しておきたいと思うからだ。

森に返した最後の三匹のモモンガのうちの二匹は、「ニホンモモンガは、彼らの主要な捕食者の一つであるホンドテンの体毛のニオイに対し忌避反応を示すのかどうか」を調べる実験に協力してもらった。

今考えると、私のニホンモモンガの研究は、もちろん彼らの生息地の保全のために必要な植生をはじめとした生活史を調べ、それを基に、スギ林の管理についての提案やその提案が実行されるための**「モモンガの存在＝経済的・精神的利益の生産物」**という仕組みをつくることが中心だった。地域の大工さんなどと協力してたくさんの種類のモモンガグッズをつくり、ニホンモモンガの生息地の保全につながることを伝えながらネットで販売した。**楽しかった**。それは今でも続いており、ゼミ生のOさんやFtさんが卒業研究などで幅を広げてくれた。

それと並行して、ニホンモモンガの動物行動学とでもいうべき研究の一つが、私がライフワークにしてきた、げっ歯類（特にリス類）の捕食者に対する認知や防衛の行動としての、ニホンモモンガの、フクロウやホンドテンなどに対する行動だった。

二匹のモモンガは、実験室につくった大きな通路とケージからなる装置で、ロードキルに遭ったホンドテンに対面させられた。

それまでにもその実験は、別なニホンモモンガでやってきたが、実験の回数、特に、実験で調べるニホンモモンガの個体数を増やしたかったのだ。彼らは、ニホンモモンガがホンドテンの体毛のニオイを、少なくとも五〇センチ離れた場所から認知することを示してくれた。

ニホンモモンガは、巣から外へ出るとき、長い長い毛が囲む鼻を何度も何度もぴくぴくさせている。私は、外部の状態を嗅覚で探っているのだろうといつも思ってきた。ホンドテンの体毛のニオイへの反応は、私の推察をしっかり支持してくれた。

ちなみに、三匹のうちの一匹は、**ケージ抜けの名人（名モモンガ）**で、しばしば、ケージに三カ所ついている出入り口を自分で開けて外出した。

私が、通常は、そんなことはしないのだが、出入り口を洗濯ばさみで止めても、それでも〝外出〟することがあった。洗濯ばさみをかじって取り去り、スライド式の扉を上へ持ち上げて〝外出〟するのだろう。**なんて奴だ**。こんなモモンガは、これまでもいなかったわけではないが、きわめてめずらしい。これまで多くのげっ歯類を飼育してきたが、こんな個体は見たことがない。

実験室でたびたびケージの外に出て気ままなモモンガライフを送っていた個体が、ある日の夕方、実験室のドアを開けたら、実験用具を入れたかごの上で休息しておられた。近寄っても特に気にする様子もない。アカネズミやシマリスなどの〝普通の〟げっ歯類ならすぐに隠れるだろう。でも、ニホンモモンガは総じてこうなのだ。

**頭をなでることもできる**くらいだ。

しばらくすると、床に下りてきて、落ちていたヒマワリの種子を食べはじめた。

というわけで、巧みに外出したモモンガは、実験室に常備している甲虫採集用の網（本格的な甲虫採集用網は、生地が柔らかく、丈夫で、大きくて深い）でなんなく捕まえられ、ケージに入れられたのだ。

ケージの出入り口の洗濯ばさみを取って脱出し、実験用具を入れたかごの上で休息しておられたモモンガ。近寄っても特に気にする様子はない

彼らを元の棲み家にもどすため、ケージごと大学の軽トラックの荷台に乗せて森に向かう途中では、**いろいろなことが思い出された**。野外、屋内の調査・研究では、いろいろなことがあった。

成獣や幼獣を対象にしてやったフクロウなどの捕食者に対する反応を調べる実験では、幼獣は巣から出るころになってはじめてフクロウの鳴き声に反応しはじめることがわかった。

鳥取県のニホンモモンガが例外なく巣材に使うスギの樹皮を細く細く裂いた繊維は抜群に保温性に富み、冬は巣のなかに蓄えられる量が増えること。そして、寒くなってくると、一つの巣に、複数の、血縁関係のない（遺伝子で確認した）個体が、おしくらまんじゅうのように体を寄せ合って入っていること（ニホンモモンガにおけるこの現象が温度と関係していることを野外調査で実証的に示したのは私がはじめてだ）。これらの特性に、ニホンモモンガが常緑樹であるスギの（針のようで、硬い）葉を好んで食べる、という特性が加わると、冬でも冬眠せずに活動できるという習性につながる。

書けば、まだまだあるのだが（私くらいの動物行動学者になると）長くなるのでこのあたりにしておく。

そうそう、幼獣と言えば、まだ目が開いていない幼獣（乳獣）でも、自分の母親と、同年齢の別の雌の体毛のニオイの違いを識別でき、**ガーグル、ガーグル**という独特の、母親が鳴く声が聞こえると、それが聞こえるほうへ接近することも発見した。

**森へ帰すときの計画はこうだった。**雪はまったくなかったが、なんといっても冬だったので、慎重に考えたのだ。

約二か月間の実験室内のケージ内生活（その間、運動不足にならないように野外のケージでも過ごさせた。そもそも一匹の個体は、しばしば実験室全体を生活場所にして過ごした）の間、彼らがねぐらとして使っていた巣箱を、すでにスギ林の木の幹に取りつけられている巣箱と交換して取りつける。そして、巣箱の上には巣材をしっかり置いてやる。

それぞれのモモンガを放す場所は、別々の調査地であり、一つの調査地には一〇個の巣箱がつけられている。実験室で入っていた巣箱が嫌なら、別な巣箱に入るだろう。

餌？

餌は、新鮮なスギの葉や、少し移動すればブナやミズナラの冬芽など、彼らが好むものがたくさんある。

大学を出発したのは一二時ごろ、森に着いたのは二時間後くらいだった。森にはまったく雪はなく、冬にしては異常なほど暖かい日だった。

まずは、一匹目のモモンガがいた調査地の近くに車を止め、荷台から、ハシゴと、一つ、ケージを持って、小川にかかる橋を渡って森に入った。この橋も何度渡ったことか。モモンガはニオイを感じたのか、ケージのなかで巣箱から出てきて、ケージ内でサーカスの回転みたいな運動をしていた。

立派なスギの木が立ち並ぶなかを歩き、**確かこれだったな**、と思う木の根もとにハシゴとケージを下ろした。

ハシゴをかけ、ケージに手を入れて、モモンガを巣箱に誘導し、手袋で出入り口に〝栓〟をして、巣箱を持ってハシゴを上っていった。

計画どおり、すでについていている巣箱を（空であることを確認して）外して地面に落とし、なかにモモンガが入っている巣箱を丈夫なシュロ縄で幹に取りつけた。

やがて、巣箱から出て、その巣箱が好きならそこに残るだろうし、そうでないなら、別な巣箱を使うだろう。**「さよなら。ありがとう」**と心のなかで言った。

別な調査地に放した二匹目のモモンガも、同じだった。やっぱり「さよなら。ありがとう」という言葉が体のなかを巡った。

そして、最後のモモンガである。

モモンガが入っている巣箱を取りつけ、〝栓〟の手袋を抜いてやった。**前の二匹のモモンガと様子が違っていた。**

モモンガは外に出たかったのだろう。巣箱から出てきてあたりを見まわし、しばらくすると、見事に、巣箱から滑空していった。きれいな滑空だった。そして、別の巣箱がついているスギの木に着地した。

着地したモモンガは、木の根もとから数十センチのところから（滑空では落下しつつ飛翔するので、着地点は低い位置になるのだ）、その幹をスルスルと上っていき、巣箱のところまで上ると、巣箱の〝屋根〟に落ち着き、ゆっくり近寄っていった私を、上から見るような姿勢でじっとしていた。

**そのときだ**。ふと、私の脳裏に、あるときのモモンガの姿が浮かんだ。

さかのぼること、一五年ほど前、私がはじめて彼ら、モモンガに出合ったときのことだ。

あれも一月のことだった。

芦津渓谷の森に生息する動物（おもに鳥獣）を調査するため、一〇カ所の調査地に巣箱を取りつけ、その点検に訪れたときだった。

研究で接する最後の個体となったモモンガとの別れ。巣箱から出てきてあたりを見まわし、しばらくすると、見事に、巣箱から滑空していった

その年も異常に雪が少なく、本来ならば数メートルの深さの雪が麓から地面を覆い、調査地に入ることなどできない時期の巣箱の状態がわかる！　と、学生たちと一緒に行ったのだ（寒い冬、私の急な提案に「いいですよ」と即答してくれた学生に感謝である）。

昼食にカレーなどもふるまい、予定していた作業が終わり、よし、帰ろうとなったときだった。一人の学生が、**「先生、何かがこちらを見ています」**と言うのだ。

こちらを見ています……？　こちらを見ています、というのなら、見ているのはカマキリやカエルではないだろう。そもそもそんな動物は冬には地上に出ていないし、出ていて、仮にこっちを向いていたとしても、「見ています」というほどの存在感はないだろう。「見ています」と言えるほどの印象で訴えかける目や顔をともなった姿勢を示すことはできないだろう。

まー、シカとかニホンザルとかイエティくらいでないと「見ています」とは感じないだろう。

そう思いながら私はその学生が「あそこです」と指さすほうを向いた（私の背中側だった）。

**確かに、見ていた。ニホンモモンガがこっちを見ていた**。われわれが取りつけた巣箱の出入り口の桟を、あたかもベランダのように使い、パリのシャンゼリゼ通りで窓のベランダに肘をついて通りの様子を眺めるパリジェンヌのように、これ以上にない魅力的でかわいいモモンガが巣箱から身を乗り出してこちらを見ていた（86ページのモモンガである）。

動揺したが（なにせ、実物を見るのははじめてだったので）、そこは、ほら、学生の手前、平静を装って言ったのだ。**「ああ、モモンガじゃないか。あれがモモンガだよ」**みたいなことを。

夜行性で、冬は活動時間が短くなるニホンモモンガが、よくもまー、こんなときに巣箱から身を出してくれていたものだ。

あそこから私のニホンモモンガの調査・研究ははじまった。

そして今、「学生はいない（私一人）」「巣箱の出入り口から身を乗り出すのではなく巣箱の屋根の上から身を乗り出して」という点でその時とは違っているが、それ以外の状況はよく似ている。

そんなよく似た状況で、一五年ほど前に、モモンガの調査研究がはじまり、今、調査研究が終わろうとしている。

そういうことだ。

大学に帰って、荷物を片づけ、研究室の椅子に腰かけ、温かいコーヒーを飲んだ。

**終わったな、と思った**。

毎日毎日、帰宅しようと思ったときには、さてではモモンガに餌をやって帰ろう、と体が無意識に動いていたのだが、今日からはその必要がないわけだ。奇妙な感じがした。

「学生たちが、面白いと感じ、苦労をしながらも生き生きと成長しながら過ごせる大学」。言葉では四〇字で書けても、苦戦苦悩の毎日だろう。

みじめさや無力感の繰り返しだろう。私のような虚弱で人づきあいが下手で街では頭の回転がいまいちの野生児の場合、特に。**でも、だ**。頑張って続ければ頑張っただけの変化は起こる。……それが、野生児なりにこれまでの日々のなかでかなりの確信をもって言えるようになったことの一つだ。

「先生は、もう、授業をされないんですか？」

うん、授業はしないけれど、**学生のみんなのことを見て、考えて、行動して、言葉を交わして、野外にも一緒に行くぞ**。超不調のとき、以外は。

# 先生！シリーズ＊思い出クイズ

おかげさまで、先生！シリーズは今作で19巻目となりました。
ヤギやモモンガをはじめ、ヘビやカエル、ハト、ヒバリ、アカハライモリ、そして学生たち………これまで、さまざまな動物やヒトとの出合いと別れがありましたね。
20巻を目前に、「こんな事件もあったなぁ」と楽しい気持ちで振り返っていただければ幸いです。
それでは、クイズスタート！

先生、巨大コウモリが廊下を飛んでいます！

**Q1** **無人島に一人ぼっちで暮らしていた野生の雌ジカ・ツコが、尾根に置いてあった教授のザックから持っていった袋には何が入っていたでしょうか？**

ツコを卒業論文の題材にしたゼミ生のKくんは、ツコを密かに「メリー」と呼んでいました。

先生、犬にサンショウウオの捜索を頼むのですか！

**Q2** **教育研究棟から実験研究棟に「引っ越し」したコバヤシ教授が、新しい研究室に入ってきた小さなゲジゲジに与えたのは何の餌？**

○○の餌と一緒に与えられたティッシュペーパーをかじるゲジゲジ

心細そうに、寒そうにしていたゲジゲジに、「出て行ってね」とは口が裂けても言えませんでした。

先生、オサムシが研究室を掃除しています！

## Q3 祖先種が岩場に生息していたヤギは、餌となる植物を探すとき、視覚と嗅覚のどちらを先に使う？

ヤギの祖先種は、乾燥した岩場に生息していたと推察される。そういったところでは、餌となる植物はまばらに生えていたと考えられるので………。

先生、アオダイショウがモモンガ家族に迫っています！

## Q4 ゼミ生のKnさんが卒業研究で調べた3種のカエル。トノサマガエル、アマガエルと、あと1種は？

トノサマガエル

それぞれのカエルが餌の選択に関してどのような効率的な戦略を用いているかを調べたKnさんの研究。3種のカエルについて、体の大きさと、その個体がどれくらいの大きさの餌を食べているかを比較しました。

先生、大蛇が図書館をうろついています！

## Q5 大学ノベルティのモモンガコースターへの焼印作業を手伝ってくれたNkさんが編み出した神業。「温度加減」と、もう一つは？

「公立鳥取環境大学」という細かい文字をうまく焼きつけるのは難しい！と判明したとき、教授は額から汗が出るほどのショックを受けました。

大学ノベルティ版のモモンガコースター

先生、頭突き中のヤギが尻尾で笑っています！

## Q6 ゼミ生Moさんの「鳴き声による個体の識別」実験で、唯一、非血縁個体の呼びかけコールに引き寄せられたヤギの名前は？

「血縁個体同士の、より強い助けあい」という現象は、あらゆる社会で見られます。この実験では、ヤギという動物においてもこの現象が起こっているのかを調べました。

先生、モモンガがお尻でフクロウを脅しています？

## Q7 ヤギ部のヤギたちの中で、いちばん顎鬚が立派でボリュームがあるヤギの名前は？

なぜヤギには顎鬚があるのか？

先生、ヒキガエルが目移りしてダンゴムシを食べられません！

## Q8 「千代砂丘」で砂上に座って暮れゆく海を見つめていた女性に教授が見せてあげたものは？

花弁のような模様

鳥取砂丘の端にある千代砂丘が「千代国際砂丘」になった日。女性は、海を見ながら母国の家族のことを思っていたのかもしれません。

先生、シロアリが空に向かってトンネルを作っています！

## Q9 「ミニ地球東西分断回避」事件の発端となったアカハライモリが登っていた植物は何だったでしょう？

かろうじて滅亡を免れたミニ地球

別名「赤道が垂直になったミニ地球」事件。水槽の蓋の上に鎮座していたミニ地球が、蓋が傾いたことで自転、公転を開始し、1.5m ほどの高さから床に落下しました。

先生、イルカとヤギは親戚なのですか！

## Q10 最後の参加となった調査実習の二日目、狩場を求めて谷川の上流に遠征していた男子学生が持ち帰った魚は？

胃のなかにはいろいろな虫が

上流で釣りをしていたおじさんがくれたもの。胃のなかを見てみると、半分消化された状態の甲虫やトビケラ、カゲロウの成虫などが出てきて「森林生態系と水域生態系のつながり」を実感させてくれました。

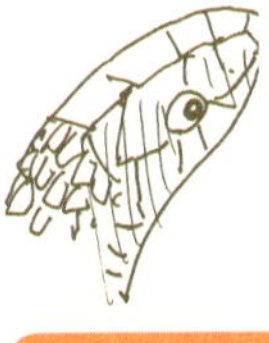

※答えは、2025年4月14日に築地書館ホームページで発表します。https://www.tsukiji-shokan.co.jp/
第 20 巻にも掲載予定です。

著者紹介

## 小林朋道（こばやし　ともみち）

1958年岡山県生まれ。

岡山大学理学部生物学科卒業。京都大学で理学博士取得。

岡山県で高等学校に勤務後、2001年鳥取環境大学講師、2005年教授。

2015年より公立鳥取環境大学に名称変更。2024年より学長。

専門は動物行動学、進化心理学。

著書に『利己的遺伝子から見た人間』（PHP研究所）、『ヒトの脳にはクセがある』『ヒト、動物に会う』『モフモフはなぜ可愛いのか』（以上、新潮社）、『絵でわかる動物の行動と心理』（講談社）、『なぜヤギは、車好きなのか？』（朝日新聞出版）、『進化教育学入門』（春秋社）、『動物行動学者、モモンガに怒られる』（山と溪谷社）、『先生、巨大コウモリが廊下を飛んでいます！』をはじめとする「先生！シリーズ」（今作第19巻）と番外編『先生、脳のなかで自然が叫んでいます！』および『苦しいとき脳に効く動物行動学』（以上、築地書館）など。

これまで、ヒトも含めた哺乳類、鳥類、両生類などの行動を、動物の生存や繁殖にどのように役立つかという視点から調べてきた。

現在は、ヒトと自然の精神的なつながりについての研究や、水辺や森の絶滅危惧動物の保全活動に取り組んでいる。

中国山地の山あいで、幼いころから野生動物たちとふれあいながら育ち、気がつくとそのまま大人になっていた。1日のうち少しでも野生動物との“交流”をもたないと体調が悪くなる。

自分では虚弱体質の理論派だと思っているが、学生たちからは体力だのみの現場派だと言われている。

X（旧ツイッター）アカウント @Tomomichikobaya

**先生、イルカとヤギは親戚なのですか！**

**鳥取環境大学の森の人間動物行動学**

2025年１月20日　初版発行

**著者**　**小林朋道**

**発行者**　**土井二郎**

**発行所**　**築地書館株式会社**
〒104-0045
東京都中央区築地7-4-4-201
☎03-3542-3731　FAX 03-3541-5799
https://www.tsukiji-shokan.co.jp/

**印刷製本**　**シナノ印刷株式会社**

**装丁**　**阿部芳春**

 ISBN978-4-8067-1677-8

## 大好評、先生！シリーズ

［鳥取環境大学］の森の人間動物行動学

小林朋道［著］　　各巻 1600 円＋税